数控铣加工技术

SHUKONG XI JIAGONG JISHU

主　编　李春燕

副主编　张金翠　刘　婵

参　编　范久远　龙远艮　李　平

　　　　栾林强　雷　方

重庆大学出版社

内容提要

本书以企业岗位能力为目标,以任务为驱动,以华中数控系统的数控铣床和加工中心为例,分别介绍了数控铣削加工工艺、数控铣削编程、简单零件加工、数控铣自动编程加工和综合类零件加工等内容。

本书既可作为中等职业学校数控铣削加工技术专业的师生用书,也可作为数控铣削方面的培训教材,还可作为相关技术人员自学数控铣削手动编程、铣削加工和 CAXA 制造工程师编程加工用书。

图书在版编目(CIP)数据

数控铣加工技术/李春燕主编.--重庆:重庆大学出版社,2021.1

ISBN 978-7-5689-0853-5

Ⅰ.①数… Ⅱ.①李… Ⅲ.①数控机床—铣床—加工 Ⅳ.①TG547

中国版本图书馆 CIP 数据核字(2017)第 257810 号

数控铣加工技术

主 编 李春燕
副主编 张金翠 刘 婵
策划编辑:陈一柳

责任编辑:姜 凤 版式设计:陈一柳
责任校对:王 倩 责任印制:赵 晟

*

重庆大学出版社出版发行
出版人:饶帮华
社址:重庆市沙坪坝区大学城西路 21 号
邮编:401331
电话:(023) 88617190 88617185(中小学)
传真:(023) 88617186 88617166
网址:http://www.cqup.com.cn
邮箱:fxk@ cqup.com.cn(营销中心)
全国新华书店经销
POD:重庆新生代彩印技术有限公司

*

开本:787mm×1092mm 1/16 印张:10.5 字数:244 千
2021 年 1 月第 1 版 2021 年 1 月第 1 次印刷
ISBN 978-7-5689-0853-5 定价:28.00 元

编委会

Preface 前言

　　本书以培养综合型应用人才为目标,在注重基础理论教育的同时,突出实践性教育环节,以企业岗位能力为目标,以任务为驱动,通过项目式教学模式,在做与学、教与学、学与考、过程评价与结果评价的有机结合中有效实施教学过程。全书力求做到深入浅出,理论与实践相结合,突出中等职业教育的特点,以我校现有设备华中数控系统的数控铣床和加工中心为例,介绍了数控铣及加工中心、安全操作规程及机床设备的维护与保养、数控铣削加工工艺、数控铣削编程、简单零件加工与操作,利用 CAXA 制造工程师进行数控铣削的自动编程加工和综合类零件加工以及数控铣削技能鉴定的考核标准等。本书具有定位准确、理论适中、知识系统、内容翔实、案例丰富、贴近实际、突出实用性、便于学习和掌握等特点,不仅可作为数控铣削加工技术的教材,也可作为数控铣工初、中级工的培训教材。

　　本书共 6 个项目,分别由李平编写项目一,龙远艮编写项目二,李春燕编写项目三和项目四,张金翠、刘婵编写项目五,范久远编写项目六;栾林强、雷方负责提供本书所用实例。全书所有章节均由李春燕负责统稿。

　　因编者水平有限,书中难免存在疏漏之处,恳请读者批评指正。

编　者

2020 年 9 月

Contents 目录

项目一　数控铣削简介

【项目导读】

本项目主要介绍数控铣削加工的基本概念、常用设备——数控铣床及加工中心的应用以及发展等。其主要内容有数控铣床及加工中心概述、铣工安全操作规程与机床维护，简述数控铣床及加工中心的基本组成、工作原理以及数控铣床安全操作规程。

任务一　数控铣床及加工中心概述

【工作任务】

- 数控铣床及加工中心简介、发展和分类。

【任务目标】

- 了解数控铣床及加工中心的基本概念；
- 掌握数控铣床及加工中心的基本组成部分；
- 掌握数控铣床及加工中心的分类。

【知识准备】

一、铣床的发展历程

铣床最早起源于 1818 年，由美国人 E.惠特尼创制的卧式铣床，当时仅为了铣削麻花钻头的螺旋槽。1862 年，美国人 J.R.布朗创制了世界上第一台万能铣床，被后人誉为升降台铣床的雏形。在 1884 年前后，龙门铣床诞生。此后直至 20 世纪 20 年代，半自动铣床创制而出，工作台可以利用挡块，完成"进给—快速"或"快速—进给"的自动转换。自此，铣床进入了高速发展阶段。

自 1950 年开始，铣床的控制系统发展很快，将数字控制应用在铣床上，大大提高了铣床的自动化程度。尤其是20世纪70年代以后,铣床上应用了微处理机的数字控制系统和自动换刀系统,提高了加工精度与效率。

随着科技的发展和机械化进程的推进,数控编程开始广泛应用于机床类操作,数控铣床逐渐演变成型。数控铣床的出现最大限度地释放了劳动力,并将逐步取代人工操作。数控铣床对操作员工的要求会越来越高,当然,它所带来的效率也会越来越高。

数控铣床与普通铣床的结构类似,零件加工工艺基本相同。数控铣床分为不带刀库和带刀库两大类。其中,带刀库的数控铣床又称为加工中心。

数控铣床应用数字技术,可直接控制机床执行部件工作顺序和运动位移,减省了传统机床的变速箱结构,使数控铣床的机械结构也得到了极大的简化。数字控制为了能够实现高精度的加工,对机械系统的传动刚度有较高的要求以及无传动间隙。随着计算机水平和控制能力的不断发展与提高,为了在同一台机床上可以同时执行多种所需要的辅助功能,数控机床的机械结构需要不断提高其集成化功能。

随着新材料和新工艺的不断涌现,面对激烈的市场竞争,降低成本便成了机械加工的重中之重,金属切削加工的发展方向一定是切削速度和精度越来越高,生产效率越来越高,系统越来越可靠。这就要求数控机床精度更高、驱动功率更大、机械结构动静热态刚度更好、工作更可靠、能实现更长时间的连续运行和尽可能少的停机时间。

数控铣床是一种加工功能很强的数控机床,在数控加工中占据重要地位。世界上首台数控机床就是一部三坐标铣床,这主要是铣床具有 X, Y, Z 3轴向可移动的特性,且可完成较多的加工工序。数控铣床现已全面向多轴化发展。目前,迅速发展的加工中心和柔性制造单元也是在数控铣床和数控镗床的基础上产生的。

数控铣床主要采用铣削方式加工工件的数控机床,能完成各种平面、沟槽、螺旋槽、成形表面、平面曲线和空间曲线等复杂型面的加工,如图1.1所示。

图1.1

数控铣床是在一般铣床的基础上发展起来的,二者的加工工艺基本相同,结构也有些相似,但数控铣床是靠程序控制的自动加工机床,因此,其结构与普通铣床有很大的区别。现代数控机床综合应用了微电子技术、计算机技术、精密检测技术、伺服驱动技术以及精密机械技术等多方面的最新成果,是典型的机电一体化产品。

　　数控加工中心是由机械设备与数控系统组成的适用于加工复杂零件的高效率自动化机床(图1.2)。数控加工中心是目前世界上产量最高、应用最广的数控机床之一。数控加工中心的综合加工能力较强,工件一次装夹后能完成较多的加工内容,加工精度较高,就中等加工难度的批量工件,其效率是普通设备的5~10倍,特别是它能完成许多普通设备不能完成的加工,对形状较复杂、精度要求高的单件加工或中小批量多品种生产更为适用。

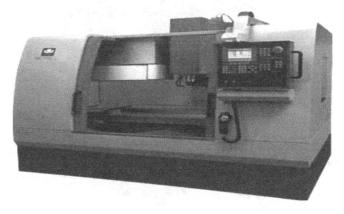

图1.2

　　数控加工中心是一种功能较全的数控加工机床。它把铣削、镗削、钻削、攻螺纹和切削螺纹等功能集中在一台设备上,使其具有多种工艺手段。加工中心设置有刀库,刀库中存放着不同数量的各种刀具或检具,在加工过程中由程序自动选用和更换。这是它与数控铣床、数控镗床的主要区别,特别是必须采用工装和专机设备来保证产品质量和效率的工件。这会为新产品的研制和改型换代节省大量的时间和费用,从而使企业具有较强的竞争能力。

二、数控铣床的组成部分

　　数控铣床采用全数字交流伺驱动,如图1.3所示,通常由床身、控制面板、主轴、主轴箱、立柱、电气柜、工作台、冷却液箱等组成。

　　铣头部分一般由变速箱和铣头两部分组成。铣头主轴由高精度轴承支承,刚性好,回转精度高;主轴安装有快速换刀螺母,采用机械无级变速,具有调速范围广、传动平稳、操作方便等特点。刹车机构为节省辅助时间,刹车时通过制动手柄撑开止动环,能使主轴快速制动。启动主电动机时,松开主轴制动手柄。铣头部分还安装有伺服电机、内齿带轮、滚珠丝杠副及主轴套筒,使其形成垂直方向(Z方向)的进给传动链,实现主轴垂向往复直线运动。

　　工作台和床鞍安装在升降台的水平导轨上,在工作台的右端装有伺服电机,使其驱动工作台实现纵向进给。通过内齿带轮带动精密滚珠丝杠,由丝杠带动工作台作纵向进给运动。床鞍的纵横向导轨面均采用TuRcllE B贴塑面,提高了导轨的耐磨性、运动的平稳性和精度的保持性,避免了低速爬行现象。

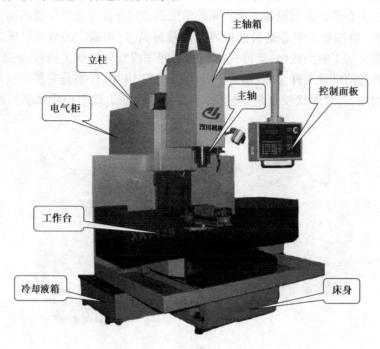

图 1.3

数控铣床的基本框架通常是指床身、立柱、横梁、工作台、底座等结构件。其他部件附着在基础件上,有的部件还需沿着基础件运动。由于基础件起着支承和导向作用,因此对基础件的基本要求是刚度好。

机床的冷却系统由冷却泵、出水管、回水管、开关及喷嘴等组成。冷却泵安装在机床底座的内腔,冷却泵将切削液从机床底座内的储液池打出,由出水管经喷嘴喷出,对铣削区域进行冷却,最后经回水管流回储液池,实现循环使用。

机床的润滑系统由手动润滑油泵、分油器、节流阀、油管等组成。机床采用周期润滑方式,用手动润滑油泵,通过分油器对主轴套筒、纵横向导轨及三向滚珠丝杠进行润滑,以提高机床的使用寿命。

变频器(Variable-Frequency Drive,VFD)是应用变频技术与微电子技术,通过改变电机工作电源频率方式来控制交流电动机的功率控制设备。在数控机床中,变频器主要用于控制主轴的动作。

电气原理如图 1.4 所示。

工作原理如图 1.5 所示,数控铣床的工作原理是按加工图纸编写出零件的加工程序,利用输入装置将程序输入机床,由计算机数控装置根据程序控制伺服驱动系统和辅助控制系统驱动机床进行零件加工,最后由机床将加工信息反馈给计算机数控装置,完成一个加工动作。

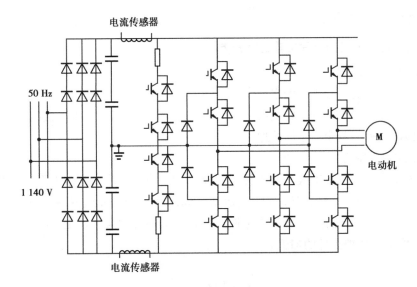

图 1.4

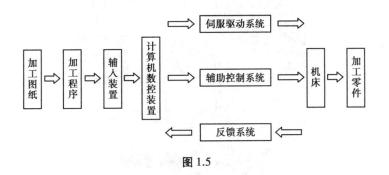

图 1.5

三、数控铣床的分类

数控铣床的分类方法很多,这里介绍常见的两种。

①按主轴的布置形式及机床的布局特点分类,可分为立式数控铣床、卧式数控铣床、立卧两用式数控铣床。

②按数控铣床构造分类,可分为工作台升降式数控铣床、主轴头升降式数控铣床、龙门式数控铣床。

四、加工中心的组成及分类

(一)加工中心的组成

加工中心主要由基础部件、主轴部件、数控系统、自动换刀系统(ATC)、辅助系统、自动托盘交换系统(APC)组成。

(二)加工中心的分类

1.按主轴在加工时的空间位置进行分类

(1)卧式加工中心

卧式加工中心的主轴轴线为水平设置。卧式加工中心具有3~5个运动坐标,常见的是3个直线运动坐标加一个回转运动坐标(回转工作台),它能在工件一次装夹后完成除安装面和顶面以外的其余4个面的加工。

(2)立式加工中心

立式加工中心的主轴轴线为垂直设置。立式加工中心(图1.6)多为固定立柱式,工作台为十字滑台方式,一般具有3个直线运动坐标,也可在工作台上安装一个水平轴(第四轴)的数控转台,用来加工螺旋线类工件。立式加工中心适合于加工盘类工件,配合各种附件后,可满足各种工件的加工。

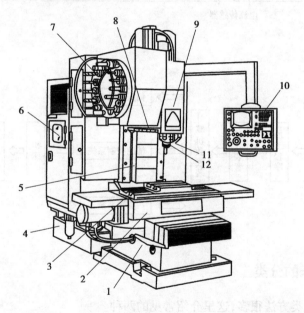

图1.6

1—床身;2—滑座;3—工作台;4—润滑油箱;5—立柱;6—数控柜;7—刀库;
8—机械手;9—主轴箱;10—操纵面板;11—控制柜;12—主轴

2.按功能特征进行分类

(1)镗铣加工中心

特点:以镗、铣加工为主。

应用:适用于加工箱体、壳体以及各种复杂零件的特殊曲线和曲面轮廓的多工序加工。

(2)钻削加工中心

特点:以钻削加工为主,刀库形式以转塔头形式为主。

应用：适用于中小零件的钻孔、扩孔、铰孔、攻螺纹及连续轮廓的铣削等多工序加工。

（3）复合加工中心

特点：复合加工中心除了用各种刀具进行切削外，还可使用激光头进行打孔、清角，用磨头磨削内孔，用智能化在线测量装置检测、仿型等。

3.按运动坐标数和同时控制的坐标数进行分类

按运动坐标数和同时控制的坐标数进行分类，加工中心分为三轴二联动、三轴三联动、四轴三联动、五轴四联动、六轴五联动、多轴联动直线+回转+主轴摆动等。

4.按工作台的数量和功能进行分类

①单工作台加工中心。

②双工作台加工中心。

③多工作台加工中心。

5.按主轴种类进行分类

按主轴种类分类可分为单轴、双轴、三轴和可换主轴箱的加工中心。

6.按自动换刀装置进行分类

①转塔头加工中心。

②刀库+主轴换刀加工中心。

③刀库+机械手+主轴换刀加工中心。

④刀库+机械手+双主轴转塔头加工中心。

五、功能特点

与普通铣床相比，数控铣床具有以下特点：

①零件加工的适应性强、灵活性好，能加工轮廓形状特别复杂或难以控制尺寸的零件，如模具类零件、壳体类零件等。

②能加工普通机床无法加工或很难加工的零件，如用数学模型描述的复杂曲线零件以及三维空间曲面类零件。

③能加工一次装夹定位后，需进行多道工序加工的零件。

④加工精度高、加工质量稳定可靠。

⑤生产自动化程度高，可以减轻操作者的劳动强度，有利于生产管理自动化。

⑥生产效率高。

⑦从切削原理上讲，无论是端铣还是周铣都属于断续切削方式，而不像车削那样连续切削，因此对刀具的要求较高，要求具有良好的抗冲击性、韧性和耐磨性。在干式切削状况下，还要求有良好的红硬性。

【考核评价】

	评价内容	自我评价	小组互评	教师评价
技能	能指出数控铣床的主要组成部分	掌握( ) 模仿( ) 不会( )	掌握( ) 模仿( ) 不会( )	掌握( ) 模仿( ) 不会( )
	能指出加工中心的主要组成部分	掌握( ) 模仿( ) 不会( )	掌握( ) 模仿( ) 不会( )	掌握( ) 模仿( ) 不会( )
知识	数控铣床及加工中心的基本概念	应用( ) 理解( ) 不懂( )	应用( ) 理解( ) 不懂( )	应用( ) 理解( ) 不懂( )
	数控铣床的特点	应用( ) 理解( ) 不懂( )	应用( ) 理解( ) 不懂( )	应用( ) 理解( ) 不懂( )
	按自动换刀装置进行分类	应用( ) 理解( ) 不懂( )	应用( ) 理解( ) 不懂( )	应用( ) 理解( ) 不懂( )
简单评语				

【巩固提高】

1.与普通铣床相比,数控铣床有哪些优点?

2.加工中心有哪些不同的类型?

3.数控铣床与加工中心的最大区别是什么?

任务二　铣工安全操作规程与机床维护

【工作任务】

- 明确数控铣床及加工中心安全操作规程；
- 掌握数控铣床及加工中心维护与保养的基本方法。

【任务目标】

- 了解安全文明生产知识和机床操作规程；
- 掌握数控铣床及加工中心的检查制度；
- 了解铣工安全操作规程。

【知识准备】

一、铣工安全操作规程

1.开机前,应遵守的操作规程

①穿戴好劳保用品,不要戴手套操作机床。

②详细阅读机床的使用说明书,在未熟悉机床操作前,切勿随意动机床,以免发生安全事故。

③操作前必须熟知每个按钮的作用以及操作注意事项。

④注意机床各个部位警示牌上所警示的内容。

⑤按照机床说明书要求加装润滑油、液压油、切削液,接通外接气源。

⑥机床周围的工具要摆放整齐,要便于拿放。

⑦加工前必须关上机床的防护门。

2.在加工操作中,应遵守的操作规程

①文明生产,精力集中,杜绝酗酒和疲劳操作;禁止打闹、闲谈、睡觉和任意离开岗位。

②机床在通电状态时,操作者千万不要打开和接触机床上示有闪电符号的、装有强电装置的部位,以防被电击伤。

③注意检查工件和刀具是否装夹正确、可靠;在刀具装夹完毕后,应采用手动方式进行试切。

④机床运转过程中,不要清除切屑,要避免用手接触机床运动部件。

⑤清除切屑时,要使用一定的工具,应注意不要被切屑划破手脚。

⑥必须在机床停止状态下进行工件测量。

⑦在打雷时,不要开机床。因为雷击时的瞬时高电压和大电流易冲击机床,容易烧坏模块或丢失改变数据,从而造成不必要的损失。

3.工作结束后,应遵守的操作规程

①如实填写好交接班记录,发现问题要及时反映。

②打扫工作场地,擦拭机床,应注意保持机床及控制设备的清洁。

③切断系统电源,关好门窗后才能离开。

二、数控铣床及加工中心的检查制度

1.日常检查要点

①清除工作台、基座等处的污物和灰尘,擦去机床表面的机油、冷却液和切屑。

②清除没有罩盖的滑动表面上的一切东西。

③擦净丝杠的暴露部位。为了清除这些部位的灰尘和切屑,要用轻油或其他同类油冲洗。

④清理风箱式护罩。

⑤清理、检查所有限位开关、接近开关及其周围表面。

⑥检查各润滑油箱及主轴润滑油箱的油面,使其保持在合适的油面位置。

⑦确保空气滤杯内的水完全排除。

⑧检查液压泵的压力是否足够。

⑨检查机床液压系统是否漏油。

⑩检查冷却液软管及液面,清理管内及冷却渣槽内的切屑等污物。

⑪确保操作面板上所有指示灯显示正常。

⑫检查各坐标轴是否处在原点上。

⑬检查主轴端面、刀夹及其他配件是否有毛刺、裂纹或损坏现象,并将主轴周围清理干净。

2.月检查要点

①清理电气控制箱内部,使其保持干净。

②校准工作台及床身基准的水平状态,必要时调整垫铁,拧紧螺母。

③清洗空气滤网,必要时予以更换。

④检查液压装置、管路及接头,确保无磨损。

⑤清理导轨滑动面上的刮垢板。

⑥检查各电磁阀、行程开关、接近开关,确保它们能正常工作。

⑦检查液压箱内的滤油器,必要时予以清洗。

⑧检查各电缆及接线端子是否接触良好。

⑨确保各联锁装置、时间继电器等能正常工作。

⑩确保数控装置能正常工作。

3.半年(或年)检查要点

①清理电气控制箱内部,使其保持干净。

②更换液压装置内的液压油及润滑装置内的润滑油,清洗油滤及油箱内部。

③检查各电机轴承是否有噪声,必要时予以更换。

④检查数控 CNC 加工中心机床的各有关精度。

⑤直观检查所有电气部件及继电器等是否可靠工作。

⑥测量各进给轴的反向间隙,必要时予以调整或进行补偿。

⑦检查各伺服电机的电刷及换向器的表面,必要时予以修整或更换。

⑧检查一个试验程序的完整运转情况。

三、数控铣床维护与保养的基本要求

在懂得了数控铣床的维护与保养的目的和意义后,还必须明确其基本要求,主要包括:

1.提高思想认识

在思想上要高度重视数控铣床的维护与保养工作,尤其是数控铣床的操作者更应如此,不能只管操作,而忽视对数控铣床的日常维护与保养。

2.提高操作人员的综合素质

数控铣床的使用比普通铣床的使用难度要大些,因为数控铣床是典型的机电一体化产品,它涉及的知识面较广,即操作者应具有机、电、液、气等更为宽广的专业知识;再有,由于其电气控制系统中的 CNC 系统升级、更新换代比较快,如果不定期参加专业理论培训学习,则不能熟练掌握新的 CNC 系统应用。因此,对操作人员提出的素质要求是很高的。为此,必须对数控操作人员进行培训,使其对铣床原理、性能、润滑部位及其方式进行较系统的学习,为更好地使用铣床奠定基础。同时在数控铣床的使用与管理方面,应制订一系列切合实际、行之有效的措施。

3.为数控铣床创造一个良好的使用环境

由于数控铣床中含有大量的电子元件,它们最怕阳光直接照射,也怕潮湿和粉尘、振动等,这些均可使电子元件受到腐蚀变坏或造成元件间的短路,引起铣床运行不正常。因此,对数控铣床的使用环境应做到保持清洁、干燥、恒温和无振动;对电源应保持稳压,一般只允许±10% 波动。

4.严格遵循正确的操作规程

无论是什么类型的数控铣床,都有一套自己的操作规程,这既是保证操作人员人身安全的重要措施之一,也是保证设备安全、使用产品质量等的重要措施。因此,使用者必须按照操作规程正确操作,如果铣床在第一次使用或长期没有使用时,应先使其空转几分钟;并要特别注意使用中开机、关机的顺序和注意事项。

5.在使用中,尽可能地提高数控铣床的开动率

在使用中,要尽可能地提高数控铣床的开动率。对新购置的数控铣床应尽快投入使用,设备在使用初期故障率相对来说更大一些,用户应在保修期内充分利用铣床,使其薄弱环节尽早暴露出来,以便在保修期内得到解决。如果在缺少生产任务时,也不能空闲不用,要定期通电,每次空运行 1 h 左右,利用铣床运行时的发热量来去除或降低机内的湿度。

6.要冷静对待铣床故障,不可盲目处理

铣床在使用中不可避免地会出现一些故障,此时操作者要冷静对待,不可盲目处理,以免产生更为严重的后果,要注意保留现场,待维修人员来后如实说明故障前后的情况,并共同分析问题,尽早排除故障。故障若属于操作原因,操作人员要及时吸取经验,避免下次犯同样的错误。

7.制订并严格执行数控铣床管理的规章制度

除了对数控铣床进行日常维护外,还必须制订并严格执行数控铣床管理的规章制度。其主要包括定人、定岗和定责任的"三定"制度,定期检查制度,规范交接班制度等。这也是数控铣床管理、维护与保养的主要内容。

【考核评价】

	评价内容	自我评价	小组互评	教师评价
技能	正确操作机床	掌握( ) 模仿( ) 不会( )	掌握( ) 模仿( ) 不会( )	掌握( ) 模仿( ) 不会( )
	掌握机床的检查与保养方法	掌握( ) 模仿( ) 不会( )	掌握( ) 模仿( ) 不会( )	掌握( ) 模仿( ) 不会( )
知识	安全操作规程	应用( ) 理解( ) 不懂( )	应用( ) 理解( ) 不懂( )	应用( ) 理解( ) 不懂( )
	机床检查制度	应用( ) 理解( ) 不懂( )	应用( ) 理解( ) 不懂( )	应用( ) 理解( ) 不懂( )
	数控铣床维护与保养的基本要求	应用( ) 理解( ) 不懂( )	应用( ) 理解( ) 不懂( )	应用( ) 理解( ) 不懂( )
简单评语				

【巩固提高】

1. 开机前,应遵守哪些操作规程?

2.加工中心的日常检查要点有哪些?

3.数控铣床维护与保养的基本要求有哪些?

【知识拓展】

5S、6S、7S 及 8S 管理

8S 就是整理(SEIRI)、整顿(SEITON)、清扫(SEISO)、清洁(SETKETSU)、素养(SHT-SUKE)、安全(SAFETY)、节约(SAVE)、学习(STUDY)8 个项目,因其古罗马发音均以"S"开头,故简称为 8S。

1955 年,日本企业针对场地、物品提出了整理、整顿两个 S。后来因为管理的需求及水平的提升,才继续增加了清扫、清洁、素养 3 个 S,从而形成目前广泛推行的 5S 架构,也使其重点由环境品质扩展至人的行动品质,在安全、卫生、效率、品质及成本方面得到较大的改善。现在不断有人提出 6S、7S 甚至 8S,但其本质是一致的。5S 作为现场管理的基础,是一种行之有效的现场管理方法。

1S——整理,即区分要用的和不用的,把不用的清除掉。目的是把"空间"留出来活用。

2S——整顿,即要用的东西依规定定位、定量摆放整齐,明确标示。目的是不用浪费时间找东西。

3S——清扫,即清除工作场所内的脏污并防止污染的发生。目的是消除"脏污",保持工作场所干净、明亮。

4S——清洁,即将上面 3S 实施的做法制度化、规范化并维持成果。目的是通过制度化来维持成果,并显现"异常"所在。

5S——素养,即人人依规定行事,从心态上养成好习惯。目的是改变"人质",养成工作认真的习惯。

6S——安全,即管理上制订正确作业流程,配置适当的工作人员监督指示功能,对不符合安全规定的因素及时举报消除,加强作业人员安全意识教育,签订安全责任书。目的是预知危险,防患未然。

7S——节约,即减少企业的人力、成本、空间、时间、库存、物料消耗等。目的是养成降低成本的习惯,加强作业人员减少浪费的意识教育。

8S——学习,即深入学习各项专业技术知识,从实践和书本中获取知识,同时不断地向同事及上级主管学习,从而完善自我,提高自身综合素质。目的是使企业得到持续改善、培养学习性组织。

项目二　数控铣削加工工艺

【项目导读】

数控铣削工艺设计是指在进行数控铣削加工之前,预先制订的加工零件步骤和内容,加工工艺是程序编写的依据,因此,它必须在程序编写之前完成。数控铣削实践证明:合理的加工工艺可以较大程度地改善加工零件的质量、提高生产效率、降低加工成本。

任务一　数控铣削工艺特点与加工工序

【工作任务】

- 了解数控加工工艺的特点、工艺设计的主要内容和选择加工顺序的基本原则。

【任务目标】

- 掌握数控加工工艺;
- 能根据图形制订加工工艺。

【知识准备】

一、工艺特点

1.工艺详细

数控铣削加工工艺步骤与普通铣削工艺基本相同,但数控铣削工艺内容更加具体和完善。加工工艺规程需要编写每一步走刀和每一个操作细节,工人操作的内容必须由编程人员提前确定。此外,无论加工零件是简单的还是复杂的,重要与否,利用数控铣削加工都需要编写完整的加工程序,因此,工艺的制订需要十分详细。

2.工序集中

数控铣床刚度大、精度高、可切削范围广,能实现多坐标、多工位,在一次装夹后,可以进行一道或多道工序的加工,从而缩短工艺路线和加工时间,减少加工设备,提高生产效率。

二、工艺设计的主要内容

1.选择工艺内容

利用数控铣床对一个零件进行加工,并不是所有的工艺内容都适合在数控铣床上完成,通常只是其中一部分工艺内容适合利用数控铣床进行铣削。这就要求工作人员对加工零件的图纸进行详细的工艺分析,选出最适合由数控铣床进行加工的工艺内容,再根据现有设备的实际情况,从能够解决最多的生产问题和达到最高的生产效率出发,充分发挥数控铣床的优势。

2.分析加工工艺性

该流程主要分析其选择的对刀点和换刀点是否合适,工艺基准是否可靠,零件的安装方式是否合理,工艺路线的设计是否恰当。对刀点的选定直接确定了机床坐标系与零件坐标系之间的相互位置关系,因此对刀点的选择原则就是考虑所选位置是否方便在机床上进行操作和观察检测。工艺基准是生产加工的依据,工艺基准必须统一,否则两次装夹后两个面上的轮廓位置和尺寸公差将很难保证。零件安装的原则是尽可能地使零件经过一次装夹,便可完成所有待加工面的铣削。选择可靠的定位基准和装夹方式,通常使用通用夹具和组合夹具,只有在加工有特殊要求的零件时才设计专用夹具。

3.设计加工工艺路线

数控铣削加工工艺路线与传统加工不同,其工艺路线的设计通常不是从毛坯至成品的一个完整的工艺过程,而是对其中一道或几道加工工序的具体描述。因此,在设计加工工艺路线时,应考虑它是穿插于零件的整个工艺过程中,故而要与其他加工工序衔接好。由此,在设计加工路线时,应对工序进行合理的划分,可以采用以一次安装、加工作为一道工序进行划分,以能够用同一把刀具加工的工序内容进行划分,以加工部分进行工序划分,以粗、精加工进行工序划分。总之,要根据数控铣削的加工特点,选择最适合的工艺路线。

在设计加工工艺路线的同时,还应兼顾加工顺序的安排,通常加工顺序的原则是上一道工序不影响下一道工序的装夹;先进行内腔特征的加工,后进行外轮廓特征的加工;以相同装夹方式或使用同一把刀具加工的工序,应尽量连续加工。

4.填写加工工序卡

加工工序卡可根据需要进行设计,以下为大家提供一种可参考的工序卡方案,具体见表2.1。

表 2.1

名称	数控铣削工序卡	零件图号		工序号		共 页
		零件名称		工序名称		第 页
加工图纸		实训室		毛坯(尺寸)		
		材料		夹具名称		
		设备名称		设备型号		
		技术标准				
		操作要求				
		检验方法				
标记	处数	更改文件号	签字	日期	设计日期	审核日期	标准化日期	会签日期

三、确定铣削加工顺序的基本原则

1.先粗后精

铣削按照"粗铣—半精铣—精铣"的顺序进行,最终达到图纸要求。粗加工应以最高的效率切除表面的大部分余量,为半精加工提供定位基准和均匀适当的加工余量。半精加工为主要表面精加工作好准备,即达到一定的精度、表面粗糙度和加工余量,加工一些次要表面以达到规定的技术要求。精加工可使各表面达到规定的图纸要求。

2.先面后孔

平面加工简单方便,根据工件定位的基本原理,平面轮廓大而平整,以平面定位比较稳定可靠。一方面,以加工好的平面为精基准加工孔,不仅可以保证孔的加工余量较为均匀,而且可以为孔的加工提供更稳定可靠的精基准;另一方面,先加工平面,切除工件表面的凹凸不平及夹砂等缺陷,可减少因毛坯凹凸不平而使钻孔时钻头引偏和防止扩、铰孔时刀具崩刃;同时,加工中便于对刀和调整。

3.先主后次

先主后次是指主要表面先安排加工,一些次要表面因加工面小和主要表面有相对位置要求,可穿插在主要表面加工工序之间进行,但要安排在主要表面最后精加工之前,以免影响主要表面的加工质量。

【考核评价】

评价内容		自我评价	小组互评	教师评价
技能	会填写加工工序卡	掌握(　)　模仿(　) 不会(　)	掌握(　)　模仿(　) 不会(　)	掌握(　)　模仿(　) 不会(　)
	会合理选择加工顺序	掌握(　)　模仿(　) 不会(　)	掌握(　)　模仿(　) 不会(　)	掌握(　)　模仿(　) 不会(　)
知识	数控铣削加工工艺内容	应用(　)　理解(　) 不懂(　)	应用(　)　理解(　) 不懂(　)	应用(　)　理解(　) 不懂(　)
	数控铣削加工工艺特点	应用(　)　理解(　) 不懂(　)	应用(　)　理解(　) 不懂(　)	应用(　)　理解(　) 不懂(　)
简单评语				

【巩固提高】

1.数控加工工序详细设计指的是什么?

2.确定铣削加工顺序的基本原则是什么?

任务二　数控铣削的常用工量具和夹具

【工作任务】

● 掌握数控铣削中常用的工具、量具的使用方法和注意事项,能正确使用各种常用夹具安装工件。

【任务目标】

- 了解工具、量具的材料；
- 掌握工具、量具的正常使用；
- 知道夹具的安装与使用。

【知识准备】

一、常用工量具

(一)游标卡尺

游标卡尺是一种最常用的测量工具，其结构简单、测量方便，可以对工件的长度、外径、内径、深度等尺寸进行测量。

1.游标卡尺的结构

游标卡尺通常由主尺和游标两部分组成，其中游标是附在主尺上并能滑动。游标卡尺的主尺和游标上有两副活动量爪，分别是内测量爪和外测量爪。顾名思义，内测量爪通常用来测量工件上的孔的内径；外测量爪则用来测量工件的长度和外径等尺寸。

主尺的度量单位一般为 1 mm，而游标的度量值则有 0.1,0.05 和 0.02 mm 3 种。根据游标卡尺的测量范围，通常将其制成以下 3 种结构形式：

①当测量范围是 0~125 mm 时，通常将游标卡尺制成带有刀口形的上下量爪和深度尺的形式。

②当测量范围是 0~200 mm 或 0~300 mm 时，通常将游标卡尺制成带有内外测量面的下量爪和带有刀口形的上量爪，但不带深度尺的形式。

③当测量范围是 0~200 mm 或 0~300 mm 时，也可将游标卡尺制成只带有内外测量面的下量爪，不带有上量爪和深度尺的形式。但当测量范围大于 300 mm 时，通常将游标卡尺制成这种只带有内外测量面的下量爪的形式。

2.游标卡尺的读数方法

(1)先读整数

看游标上的零刻度线的左边，读出主尺尺身上最靠近游标零刻度线的那条刻度线的数值，即读出所测尺寸的整数部分。

(2)再读小数

看游标上的零刻度线的右边，数出游标上第几条刻度线与主尺尺身上的某一条刻度线对齐，计算出被测尺寸的小数部分（即游标的度量值乘以游标上与主尺对齐的那条刻度线的顺序数）。

(3)得出所测尺寸

把上面两次读数的整数部分和小数部分相加，就是卡尺的所测尺寸。

3.游标卡尺的使用方法

使用前应进行校验,将量爪并拢,查看游标和主尺身的零刻度线是否对齐。如果对齐就可以进行测量,如果没有对齐则要记取零误差:游标的零刻度线在尺身零刻度线右侧的称为正零误差,在尺身零刻度线左侧的称为负零误差。测量时,右手拿住主尺尺身,大拇指移动游标,左手拿待测物品,使待测物位于外测量爪之间,当与量爪紧紧相贴时,即可读数,如图 2.1 所示。

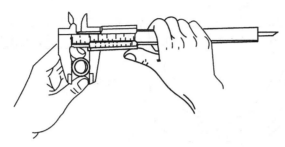

图 2.1

4.测量尺寸的注意事项

测量尺寸时应注意以下几点:

①测量前把卡爪用丝绸擦拭干净,检查两卡爪的测量面和刃口是否平直无损,当两卡爪贴合时应紧密无缝,并且游标的零刻度线与主尺的零刻度线应对齐。

②移动游标时,应感觉活动自如,不应过紧或过松,更不能出现晃动现象。测量完毕后,应旋紧固定螺钉后再取下卡尺,以免数值发生变化。

③在量测零件的外尺寸时,应注意两卡爪测量面的连线应与测量面垂直,不能歪斜。

游标卡尺是比较精密的量具,使用时应注意以下事项:

①使用前,应先擦干净两卡脚测量面,合拢两卡脚,检查副尺零线与主尺零线是否对齐,若未对齐,应根据原始误差修正测量读数。

②测量工件时,用力不能过大,以免卡脚变形或磨损,影响测量精度。

③读数时,视线要垂直于尺面,否则测量值不准确。

④测量内径尺寸时,应轻轻摆动,以便找出最大值。

⑤游标卡尺用完后,仔细擦净,抹上防护油,平放在盒内,以防生锈或弯曲。

(二)千分尺

千分尺又称为螺旋测微器、螺旋测微仪、分厘卡等,是一种比游标卡尺更为精密的测量长度的量具,用它测量的长度可以精确到 0.01 mm。

1.千分尺的结构

千分尺的结构如图 2.2 所示。

2.千分尺的工作原理

千分尺是根据螺旋放大的原理制成的,即螺杆在螺母中旋转一周,螺杆便沿着旋转轴线方向前进或后退一个螺距的距离。因此,沿轴线方向移动的微小距离,就能用圆周上的读数表示出来。螺旋测微器的精密螺纹的螺距是 0.5 mm,可动刻度有 50 个等分刻度,可动刻度旋转一周,测微螺杆可前进或后退 0.5 mm,因此,旋转每个小分度,相当于测微螺杆前进或推后 0.5/50＝0.01 mm。可见,可动刻度每一小分度表示 0.01 mm,所以千分尺可准确到 0.01 mm。

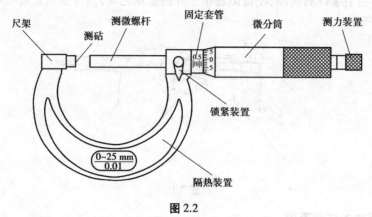

图 2.2

3.千分尺的读数方法

①先读固定刻度。

②再读半刻度,如果半刻度线已露出,记作 0.5 mm;如果半刻度线未露出,记作 0.0 mm。

③再读可动刻度(注意估读),记作 $n×0.01$ mm。

④最终读数结果为:固定刻度+半刻度+可动刻度+估读。

4.千分尺的使用注意事项

①测量前,应用丝绸将两测量面擦拭干净,将测头与测微螺杆端面贴合并校准零线,大规格的千分尺应使用量块进行校核。

②测量工件时,当测微螺杆快靠近被测物体时应停止使用旋钮,改用尾部的微调旋钮,避免产生过大的压力导致测量结果不精确,同时又能保护螺旋测微装置。

③测量时,两测量面应与工件的被测量面对正,以保证测量的准确性。

④测量完成,进行读数时,应注意固定刻度尺上表示半毫米的刻度线是否露出。

⑤在读数时,千分位有一位估读数字,不能省略或四舍五入,即使固定刻度的零点正好与可动刻度的某一刻度线对齐,千分位上也应读取为“0”。

⑥不能对毛坯面、运动面以及高温面等进行测量,以免损坏测量面,影响测量精度。

(三)百分表

百分表是利用精密齿轮齿条机构制成的表示长度测量工具。通常用来校正夹具或零件的安装位置,检验零件的尺寸误差、形状误差以及相互位置误差等。根据百分表的测量范围可分为 0~3 mm、0~5 mm 和 0~10 mm,其分度值都为 0.01 mm。

1.百分表的组成

百分表通常由测量头、测量杆、套筒、表盘、表体、转数指示盘、指针等组成,如图 2.3 所示。

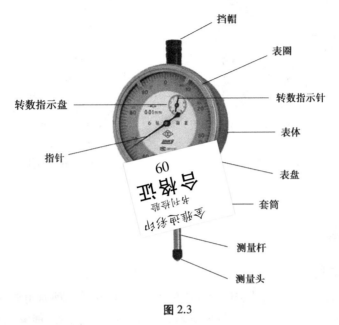

图 2.3

2.百分表的工作原理

百分表是将测杆进行微小的直线移动,经过齿轮传动放大后,转变为指针在刻度盘上的转动,从而读出被测尺寸的大小。百分表是一种利用齿轮齿条或杠杆齿轮传动,将测杆的直线位移变成指针角位移的测量器具。

3.百分表的读数方法

①先读小指针转过的刻度线(即毫米整数)。

②再读大指针转过的刻度线并估读一位(即小数部分),并乘以 0.01。

③最后两者相加,得到所测量的数值。

4.百分表的使用注意事项

①测量前,应先检查测量杆活动是否灵活。即轻轻推动测量杆时,测量杆在套筒内的移动没有任何卡住、阻力现象,每次松开测量杆时,指针都能回到原来的刻度位置。

②在使用时,必须将百分表安装在表座上[图 2.4(a)],并将其固定在可靠位置,不能将其随便吸附在不稳定的位置进行使用,以免造成测量结果不准确或摔坏百分表。

③在测量时,不能使测量杆的行程超过其测量范围,更不能让测量头突然撞到工件上。百分表不宜测量粗糙的表面或有显著凹凸不平的面。

④当用百分表测量平面时,百分表的测量杆要与被测平面垂直[图 2.4(b)],测量轴类零件时,测量杆要与零件的中心线垂直,以免测量结果不准确。

⑤读数时,为了方便读数,在测量前通常将指针调到刻度盘的零位。

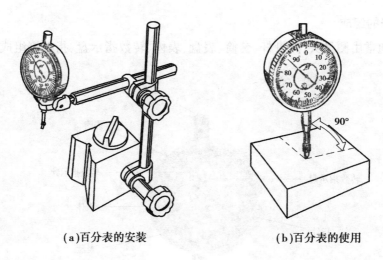

(a)百分表的安装   (b)百分表的使用

图 2.4

二、常用夹具

(一)机用平口钳

机用平口钳适用于中小尺寸和形状规则的工件安装,它是一种通用夹具,一般有非旋转式和旋转式两种。非旋转式刚性较好,旋转式底座上有一刻度盘,能够把平口钳转成任意角度。机用平口钳常装配使用在中型铣床、钻床以及平面磨床等机械设备上。

1.机用平口钳结构

机用平口钳一般由底座、固定钳口、活动钳口等构件组成,如图 2.5 所示。机用平口钳装配结构是将可拆卸的螺纹连接和销连接的铸铁装配为一体;工作表面是螺旋副、导轨副及间隙配合的轴和孔的摩擦面,活动钳身的直线运动是由螺旋运动转变的。

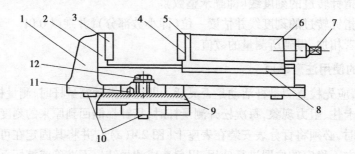

图 2.5

1—钳体;2—固定钳口;3—固定钳口铁;4—活动钳口铁;5—活动钳口;6—活动钳身;
7—丝杠方头;8—压板;9—底座;10—定位键;11—钳体零线;12—螺栓

2.机用平口钳的安装与校正

安装平口钳时,必须先将底面和工作台面擦拭干净,将虎钳安装在工作台中间 T 形槽内,钳口位置居中,并用手拉动虎钳底盘,使定位键向 T 形槽直槽一侧贴合,然后用 T 形螺栓将平口虎钳压紧在工作台面上。

机用平口钳要利用百分表校正固定钳口,使钳口与横向或纵向工作台方向平行,以保证铣削的加工精度,如图 2.6 所示。

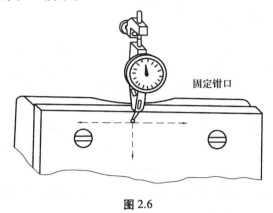

图 2.6

3.机用平口钳的使用注意事项

数控铣床上加工的零件多数为半成品,利用平口钳装夹的工件尺寸一般不超过钳口的宽度,所加工的部位不得与钳口发生干涉。平口钳安装好后,将工件放入钳口内,并在工件的下面垫上比工件窄、厚度适当且要求较高的等高垫块,然后把工件夹紧。为了使工件紧密地靠在垫块上,应用铜锤或木锤轻轻敲击工件,直到用手不能轻易推动等高垫块时为止,最后再将工件夹紧在平口钳内。工件应紧固在钳口比较中间的位置,装夹高度以铣削尺寸高出钳口平面 3~5 mm 为宜,用平口钳装夹表面粗糙度较差的工件时,应在两钳口与工件表面之间垫一层铜皮,以免损坏钳口,并能增加接触面。图 2.7 为使用机用平口钳装夹工件的几种情况。

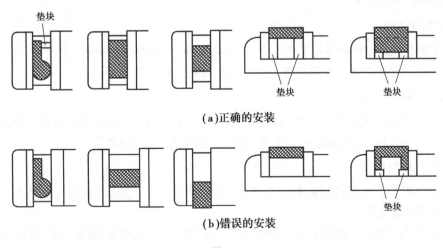

(a)正确的安装

(b)错误的安装

图 2.7

（二）组合压板

对体积较大的工件大都用组合压板来装夹,根据图纸的加工要求,可将工件直接压在工作台面上,如图2.8(a)所示,这种装夹方法不能进行贯通的挖槽或钻孔加工等;也可在工件下面垫上厚度适当且要求较高的等高垫块后再将其压紧,如图2.8(b)所示,这种装夹方法可进行贯通的挖槽或钻孔加工。

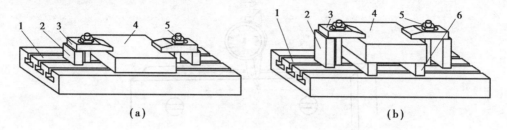

（a） （b）

图 2.8

1—工作台;2—支承块;3—压板;4—工件;5—双头螺柱;6—等高垫块

使用压板时应注意以下几点:

①必须将工作台面和工件底面擦干净,不能拖拉粗糙的铸件、锻件等,以免划伤台面。在工件的光洁表面或材料硬度较低的表面与压板之间,必须安置垫片(如铜片或厚纸片),这样可以避免表面因受压力而损伤。

②压板的位置要安排得妥当,要压在工件刚性最好的地方,不得与刀具发生干涉,夹紧力的大小也要适当,不然会产生变形。

③支撑压板的支承块高度要与工件相同或略高于工件,压板螺栓必须尽量靠近工件,并且螺栓到工件的距离应小于螺栓到支承块的距离,以便增大压紧力。螺母必须拧紧,否则将会因压力不够而使工件移动,以致损坏工件、机床和刀具,甚至发生意外事故。

（三）其他常用夹具

1.万能分度头

分度头是铣床常用的重要附件,能使工件绕分度头主轴轴线回转一定角度,在一次装夹中完成等分或不等分零件的分度工作,如加工四方、六角等。

2.三爪、四爪卡盘

将三爪、四爪卡盘(图2.9)利用压板安装在工作台面上,可装夹圆柱零件。在批量加工圆柱工件端面时,装夹快捷方便,例如,铣削端面凸轮、不规则槽等。

（四）专用夹具

为了保证工件的加工质量、提高生产率、减轻劳动强度,根据工件的形状和加工方式可采用专用夹具安装。

近年来,为了解决专用夹具的专用性和产品品种的多变性之间的矛盾,按"积木"的方法而设想发展了组合夹具。专用夹具由各种不同形状、规格、尺寸的标准件,根据被加工件形状和工序要求,装配成各种夹具。用完之后,便可拆开、清洗,再重新组装成其他夹具。

图 2.9

【考核评价】

	评价内容	自我评价	小组互评	教师评价
技能	能用百分表校正平口钳	掌握（ ） 模仿（ ） 不会（ ）	掌握（ ） 模仿（ ） 不会（ ）	掌握（ ） 模仿（ ） 不会（ ）
	能正确选用夹具并安装工件	掌握（ ） 模仿（ ） 不会（ ）	掌握（ ） 模仿（ ） 不会（ ）	掌握（ ） 模仿（ ） 不会（ ）
知识	游标卡尺的使用方法	应用（ ） 理解（ ） 不懂（ ）	应用（ ） 理解（ ） 不懂（ ）	应用（ ） 理解（ ） 不懂（ ）
	千分尺的使用方法	应用（ ） 理解（ ） 不懂（ ）	应用（ ） 理解（ ） 不懂（ ）	应用（ ） 理解（ ） 不懂（ ）
	平口钳的使用注意事项	应用（ ） 理解（ ） 不懂（ ）	应用（ ） 理解（ ） 不懂（ ）	应用（ ） 理解（ ） 不懂（ ）
	简单评语			

【巩固提高】

1.简述平口钳校正的方法。

2.简述组合压板的使用注意事项。

任务三　数控铣削刀具

【工作任务】

- 掌握数控铣削加工刀具的材质；
- 了解数控铣削常用刀具的分类，能正确选用数控铣削刀具及合理选用铣削加工的参数。

【任务目标】

- 了解加工刀具材质的组成及硬度；
- 掌握加工刀具的材料，并确定加工三要素。

【知识准备】

一、数控铣削刀具的材质

刀具材料是指刀具切削部分的材料。刀具材料不仅是影响刀具切削性能的重要因素，而且它对刀具耐用度、切削用量、生产率、加工成本等有着重要的影响。在机械加工过程中，不但要熟悉各种刀具材料的种类、性能和用途，还必须能根据不同的工件和加工条件，对刀具材料进行合理的选择。

1.数控铣削刀具切削部分的材料应具备的基本性能

在工作过程中，铣刀的切削部分在高温进行切削工作，同时还要承受切削力、冲击和振动，因此，刀具切削部分的材料应具备以下基本要求：

①硬度：刀具材料必须具有高于共建材料的硬度，常温硬度须在 62HRC 以上，并要求保持较高的高温硬度。

②强度和韧性：为了承受切削力、冲击和振动，刀具材料应具有足够的强度和韧性。

③耐磨性：表述抵抗磨损的能力，它是刀具材料力学性能、组织结构和化学性能的综合反映。

④热导率：热导率越大，则由刀具传出的热量越多，有利于降低切削温度和提高刀具寿命。

⑤加工工艺性：为了便于制造，要求刀具材料有较好的可加工性，包括锻、轧、切削加工和可耐磨性、热处理特性等。

2.数控铣削刀具材料常用的种类与选择

刀具切削部分材料主要有碳素工具钢、合金工具钢、高速钢、硬质合金、陶瓷和超硬刀具材料等。各种刀具材料的物理力学性能见表 2.2,其中,生产中使用最多的是高速钢和硬质合金。

表 2.2

材料种类	硬 度	密度 /(g·cm⁻³)	抗弯强度 /GPa	冲击韧度 /(kJ·m⁻²)	热导率/[(W·(m²·K)⁻¹]	耐热性 /℃
碳素工具钢	63~65HRC	7.6~7.8	2.2	—	41.8	200~250
合金工具钢	63~66HRC	7.7~7.9	2.4	—	41.8	300~400
高速钢	63~70HRC	8.0~8.8	1.96~5.88	98~588	16.7~25.1	600~700
硬质合金	89~94HRA	8.0~15	0.9~2.45	29~59	16.7~87.9	800~1 000
陶瓷	91~95HRA	3.6~4.7	0.45~0.8	5~12	19.2~38.2	1 200
立方氮化硼	8 000~9 000HV	3.44~3.49	0.45~0.8	—	19.2~38.2	1 200
金刚石	10 000HV	3.47~3.56	0.21~0.48	—	19.2~38.2	1 200

①高速钢:由 W,Cr,Mo 等合金元素组成的合金工具钢,相对碳素工具钢,具有较高的热稳定性、较高的强度和韧度,并有一定的硬度和耐磨性,因而适合加工有色金属和各种金属材料;又由于高速钢有很好的加工工艺性,适合制造复杂的成型刀具。但是,高速钢耐磨性和耐热性差,难以满足现代切削加工对刀具材料越来越高的要求。

②硬质合金:数控车削刀具材料最常用的材料,它由难融金属碳化物(如 WC,TiC,TaC,NbC)和金属黏结剂(Co,Mo,Ni 等)经粉末冶金的方法烧结而成,是一种混合物。它具有很高的硬度、耐热性、耐磨性和热稳定性,允许的切削速度比高速钢高 3~10 倍,切削速度可达 100 m/min 以上,能加工包括淬火钢在内的多种材料,因此应用较广。但硬质合金抗弯强度和耐冲击性较差,制造工艺性差,不易做成形状复杂的整体刀具。在实际使用中,一般将硬质合金刀片焊接和机械夹固在刀体上使用。

由于各厂生产的同类用途硬质合金的成分及性能各不相同,硬质合金牌号的表示方法也不同,为方便用户,国际标准化组织规定,切削加工用硬质合金按其排屑类型和被加工材料分为 P 类、M 类和 K 类三大类。根据被加工材料及适用的加工条件,每大类中又分为若干组,用两位阿拉伯数字表示,每类中数字越大,其耐磨性越低、韧性越高。

P 类合金(包括金属陶瓷)用于加工产生长切屑的金属材料,如钢、铸钢、可锻铸铁、不锈钢、耐热钢等。其中,组号越大,则可选用越大的进给量和切削深度,而切削速度则应越小。

M 类合金用于加工产生长切屑和短切屑的黑色金属或有色金属,如钢、铸钢、奥氏体不锈钢、耐热钢、可锻铸铁、合金铸铁等。其中,组号越大,则可选用越大的进给量和切削深度,而切削速度则应越小。

K类合金用于加工产生短切屑的黑色金属、有色金属和非金属材料,如铸铁、铝合金、铜合金、塑料、硬胶木等。其中,组号越大,则可选用越大的进给量和切削深度,而切削速度则应越小。

各厂生产的硬质合金虽然有各自编制的牌号,但都有对应国际标准的分类号,选用十分方便。常用硬质合金牌号及用途见表2.3。

表2.3

牌 号		性能比较			适用场合
ISO(相近)	国产				
K01	YG3X				铸铁、有色金属及合金的精加工,也可用于合金钢、淬火钢等的精加工,不能承受冲击载荷
K10	YG6X	硬度、耐磨性、切削速度 增加 ↑	抗弯强度、韧性、进给量 ↓ 降低		铸铁、冷硬铸铁、合金铸铁、耐热钢、合金钢的半精加工、精加工
K20	YG6				铸铁、有色金属及合金的粗加工、半精加工
K30	YG8				铸铁、有色金属及合金、非金属的粗加工,能适应断续切削
P01	YT30				碳钢和合金钢连续切削时的精加工
P10	YT15				碳钢和合金钢连续切削时的半精加工、精加工
P20	YT14				碳钢和合金钢连续切削时的粗加工、半精加工、精加工或断续切削时的精加工
P30	YT5				碳钢和合金钢的粗加工,也可用于断续切削
M10	YW1	硬度、切削速度 增加 ↑	抗弯强度、韧性、进给量 ↓ 降低		不锈钢、耐热钢、高锰钢及其他难加工材料和普通钢料、铸铁的半精加工和精加工
M20	YW2				不锈钢、耐热钢、高锰钢及其他难加工材料及普通钢料、铸铁的粗加工和半精加工

3.其他刀具材料

①陶瓷材料:以氧化铝为主要成分,经压制成形后烧结而成的一种刀具材料。它有很高的硬度和耐磨性,化学性能稳定,故能承受较高的切削速度。但陶瓷材料的最大弱点是

抗弯强度低,冲击韧性差。其主要用于钢、铸铁、有色金属、高硬度材料及大件和高精度零件的加工。

②金刚石:分天然和人造两种。天然金刚石由于价格昂贵用的很少。金刚石是目前已知的最硬的物质,其硬度接近 10 000HV,是硬质合金的 $80 \sim 120$ 倍。但韧性差,在一定温度下与铁族元素亲和力大,因此不宜加工黑色金属,主要用于加工有色金属以及非金属材料的高速精加工。

③立方氮化硼(CBN):由氮化硼在高温高压作用下转变而成。它具有仅次于金刚石的硬度和耐磨性,化学性能稳定,与铁族元素亲和力小。但强度低,焊接性差。其主要用于切削淬硬钢、冷硬铸铁、高温合金和一些难加工材料。

4.刀具材料的表面涂层

刀具材料的韧性和硬度一般不能兼顾,故一般刀具的寿命主要受刀具磨损的影响。近年来,采用了刀具材料表面涂层处理来解决这一问题。表面涂层是在韧性较好的硬质合金或高速钢基体上,通过化学气相沉积(CVD)法或物理气相沉积(PVD)法涂覆一薄层耐磨性很高的难熔金属化合物。通过这种方法,使刀具既具有基体材料的强度和韧性,又具有很高的耐磨性,从而较好地解决了强度、韧性与硬度、耐磨性的矛盾。

二、数控铣削刀具的分类与选用

1.常见的数控铣削刀具

铣刀是刀齿分布在旋转表面或端面上的多刃刀具,其几何形状较复杂,种类较多。按铣刀切削部分的材料分为高速钢铣刀、硬质合金铣刀;按铣刀结构形式分为整体式铣刀、镶齿式铣刀、可转位式铣刀;按铣刀的安装方法分为带孔铣刀、带柄铣刀;按铣刀的形状和用途分为圆柱铣刀、端铣刀、立铣刀、键槽铣刀、球头铣刀等。常见的切削刀具如图 2.10所示。

2.数控铣削刀具的类型及选用

数控铣床上所采用的刀具要根据被加工零件的材料、几何形状、表面质量要求、热处理状态、切削性能及加工余量等选择刚性好、耐用度高的刀具。

(1)被加工零件的几何形状选择

①加工曲面类零件时,为了保证刀具切削刃与加工轮廓在切削点相切,而避免刀刃与工件轮廓发生干涉,一般采用球头刀,粗加工用两刃铣刀,半精加工和精加工用四刃铣刀,如图 2.11 所示。

②铣较大平面时,为了提高生产效率和提高加工表面粗糙度,一般采用刀片镶嵌式盘形铣刀,如图 2.12 所示。

③铣小平面或台阶面时一般采用通用铣刀,如图 2.13 所示。

④铣键槽时,为了保证槽的尺寸精度、一般用两刃键槽铣刀,如图 2.14 所示。

⑤孔加工时,可采用钻头等孔加工类刀具,如图 2.15 所示。

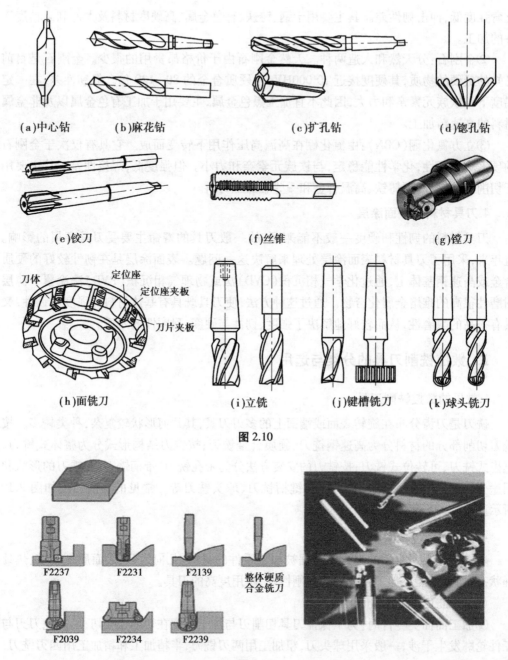

(a)中心钻　　　(b)麻花钻　　　　　(c)扩孔钻　　　　(d)锪孔钻

(e)铰刀　　　　　　　(f)丝锥　　　　　　(g)镗刀

(h)面铣刀　　　(i)立铣　　　(j)键槽铣刀　　　(k)球头铣刀

图 2.10

F2237　　　F2231　　　F2139　　整体硬质合金铣刀

F2039　　　F2234　　　F2239

图 2.11

（2）铣刀结构选择

铣刀一般由刀片、定位元件、夹紧元件和刀体组成。由于刀片在刀体上有多种定位与夹紧方式,刀片定位元件的结构又有不同类型,因此铣刀的结构形式有多种,分类方法也较多。选用时,主要可根据刀片排列方式选择。刀片排列方式可分为平装结构和立装结构两大类。

图 2.12

图 2.13

图 2.14

①平装结构(刀片径向排列)。平装结构铣刀(图 2.16)的刀体结构工艺性好,容易加工,并可采用无孔刀片(刀片价格较低,可重磨)。由于需要夹紧元件,刀片的一部分被覆盖,容屑空间较小,且在切削力方向上的硬质合金截面较小,故平装结构的铣刀一般用于轻型和中量型的铣削加工。

②立装结构(刀片切向排列)。立装结构铣刀(图 2.17)的刀片只用一个螺钉固定在刀槽上,结构简单,转位方便。虽然刀具零件较少,但刀体的加工难度较大,一般需用五坐

标加工中心进行加工。由于刀片采用切削力夹紧,夹紧力随切削力的增大而增大,因此可省去夹紧元件,增大了容屑空间。又因为刀片切向安装,在切削力方向的硬质合金截面较大,所以可进行大切深、大走刀量切削,这种铣刀适用于重型和中量型的铣削加工。

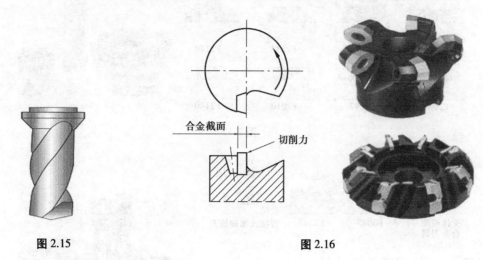

图 2.15   图 2.16

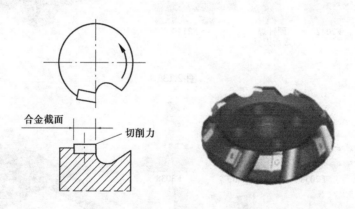

图 2.17

（3）铣刀的齿数（齿距）选择

铣刀齿数多,可提高生产效率,但受容屑空间、刀齿强度、机床功率及刚性等的限制,不同直径的铣刀的齿数均有相应规定。为满足不同用户的需要,同一直径的铣刀一般有粗齿、中齿、密齿 3 种类型。

①粗齿铣刀:适用于普通机床的大余量粗加工和软材料或切削宽度较大的铣削加工;当机床功率较小时,为使切削稳定,也常选用粗齿铣刀。

②中齿铣刀:属通用系列,使用范围广,具有较高的金属切除率和切削稳定性。

③密齿铣刀:主要用于铸铁、铝合金和有色金属的大进给速度切削加工。在专业化生产(如流水线加工)中,为充分利用设备功率和满足生产节奏要求,也常选用密齿铣刀(此时多为专用非标铣刀)。

为防止工艺系统出现共振,使切削平稳,还有一种不等分齿距铣刀,如 WALTER 公司的 NOVEX 系列铣刀均采用不等分齿距技术。在铸钢、铸铁件的大余量粗加工中建议优先选用不等分齿距的铣刀。

(4)铣刀直径选择

铣刀直径的选用视产品及生产批量的不同差异较大,刀具直径的选用主要取决于设备的规格和工件的加工尺寸。

①平面铣刀:选择平面铣刀直径时主要考虑刀具所需功率应在机床功率范围之内,也可将机床主轴直径作为选取的依据。平面铣刀直径可按 $D = 1.5d$(d 为主轴直径)选取。在批量生产时,也可按工件切削宽度的 1.6 倍选择刀具直径。

②立铣刀:选择立铣刀直径时主要应考虑工件加工尺寸的要求,并保证刀具所需功率在机床额定功率范围以内。例如,小直径立铣刀,则应主要考虑机床的最高转数能否达到刀具的最低切削速度(60 m/min)。

③槽铣刀:其直径和宽度应根据加工工件尺寸选择,并保证其切削功率在机床允许的功率范围之内。

(5)铣刀的最大切削深度

不同系列的可转位面铣刀有不同的最大切削深度。最大切削深度越大的刀具所用刀片的尺寸越大,价格也越高,因此,从节约费用、降低成本的角度考虑,选择刀具时一般应按加工的最大余量和刀具的最大切削深度选择合适的规格。当然,还需要考虑机床的额定功率和刚性应能满足刀具使用最大切削深度时的需要。

三、铣削用量的选择

铣削时采用的切削用量,应在保证工件加工精度和刀具耐用度、不超过铣床允许的动力和扭矩前提下,获得最高的生产率和最低的成本。铣削过程中,如果能在一定的时间内切除较多的金属,就有较高的生产率,从刀具耐用度的角度考虑,切削用量选择的次序:根据侧吃刀量 a_e 先选大的背吃刀量 a_p(图 2.18),再选大的进给速度 F,最后选大的铣削速度 V(最后转换为主轴转速 S)。

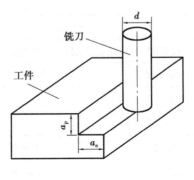

图 2.18

对高速铣床(主轴转速在 10 000 r/min 以上),为发挥其高速旋转的特性、减少主轴的重载磨损,其切削用量选择的次序应为 $V \to F \to a_p(a_e)$。

1.背吃刀量 a_p 的选择

当侧吃刀量 $a_e < d/2$(d 为铣刀直径)时,取 $a_p = (1/3 \sim 1/2)d$;当侧吃刀量 $d/2 \leqslant a_e < d$ 时,取 $a_p = (1/4 \sim 1/3)d$;当侧吃刀量 $a_e = d$(即满刀切削)时,取 $a_p = (1/5 \sim 1/4)d$。

当机床的刚性较好且刀具的直径较大时, a_p 可取得更大。

2.进给量 F 的选择

粗铣时铣削力大,进给量的提高主要受刀具强度、机床、夹具等工艺系统刚性的限制,根据刀具形状、材料以及被加工工件材质的不同,在强度刚度许可的条件下,进给量应尽量取大;精铣时限制进给量的主要因素是加工表面的粗糙度,为了减小工艺系统的弹性变形,减小已加工表面的粗糙度,一般采用较小的进给量,具体见表 2.4 和表 2.5。进给速度 F 与铣刀每齿进给量 f、铣刀齿数 z 及主轴转速 S 的关系为

$$F = fz \text{ 或 } F = Sfz$$

表 2.4

工件材料	工件材料硬度 /HB	硬质合金/(mm·r⁻¹)		高速钢/(mm·r⁻¹)	
		端铣刀	立铣刀	端铣刀	立铣刀
低碳钢	150~200	0.20~0.35	0.07~0.12	0.15~0.30	0.03~0.18
中、高碳钢	220~300	0.12~0.25	0.07~0.10	0.10~0.20	0.03~0.15
灰铸铁	180~220	0.20~0.40	0.10~0.16	0.15~0.30	0.05~0.15
可锻铸铁	240~280	0.10~0.30	0.06~0.09	0.10~0.20	0.02~0.08
合金钢	220~280	0.10~0.30	0.05~0.08	0.12~0.20	0.03~0.08
工具钢	HRC36	0.12~0.25	0.04~0.08	0.07~0.12	0.03~0.08
镁合金铝	95~100	0.15~0.38	0.08~0.14	0.20~0.30	0.05~0.15

表 2.5

单位:m/min

工件材料	铣刀材料					
	碳素钢	高速钢	超高速钢	合金钢	碳化钛	碳化钨
铝合金	75~150	180~300		240~460		300~600
镁合金		180~270				150~600
钼合金		45~100				120~190
黄铜(软)	12~25	20~25		45~75		100~180
黄铜	10~20	20~40		30~50		60~130
灰铸铁(硬)		10~15	10~20	18~28		45~60

续表

工件材料	铣刀材料					
	碳素钢	高速钢	超高速钢	合金钢	碳化钛	碳化钨
冷硬铸铁			10~15	12~18		30~60
可锻铸铁	10~15	20~30	25~40	35~45		75~110
钢(低碳)	10~14	18~28	20~30		45~70	
钢(中碳)	10~15	15~25	18~28		40~60	
钢(高碳)		10~15	12~20		30~45	
合金钢					35~80	
合金钢(硬)					30~60	
高速钢			12~25		45~70	

四、常见的铣刀刀柄

数控铣床和加工中心所用的切削工具由两部分组成,即刀具和供自动换刀装置夹持的通用刀柄(图 2.19)与拉钉(图 2.20)。

图 2.19　　　　　　　　　　　　　　　图 2.20

1.刀柄的标准

①JT 系列刀柄(ISO、德国 DIN 标准、中国 GB 标准)。

②BT 系列刀柄(日本 MAS 标准)。

③JT-U 系列刀柄(美国 ANSI 标准)。

④ST 系列刀柄(中国 GB 标准)。

⑤SK 系列刀柄(德国 DIN 标准)。

2.刀柄的种类

不同标准的刀柄按其对刀具的夹紧形式可分为以下几种类型:

①钻夹头刀柄。

②莫氏锥度刀柄。

③面铣刀柄。

④侧固式刀柄。

⑤弹簧夹头刀柄。

⑥应力锁紧式夹头。

⑦静压膨胀方式刀柄。

⑧热压力配合刀柄。

⑨液压式刀柄。

⑩螺纹连接刀柄。

五、铣刀的装卸

正确安装和使用铣刀对铣削加工过程来说至关重要。刀具要紧密牢固地固定在刀柄上,否则会影响加工质量,并且有极大的安全隐患。铣刀的装卸步骤见表2.6。

表 2.6

	操作步骤	示意图
	刀具安装	
1	打开铣床电源	—
2	将主轴停放在合适位置,预留出装刀空间	
3	检查机床系统是否准备好: ①气压是否达到; ②工作模式处于"手动"或者"增量"状态; ③主轴处于停止状态	—
4	按下刀具松紧键,将刀柄尾部放到主轴锥孔内,刀柄键槽对准主轴端面键,用力将刀具顶入主轴内	

续表

	操作步骤	示意图
	刀具安装	
5	刀具吸入主轴后松开刀具和按键,检查刀具是否已经安装好	—
	刀具拆卸	
6	将主轴置于停止状态,机床锁住	—
7	将主轴提升安全高度,便于卸下刀具	—
8	一手按住刀具松紧按钮,一手接住刀具,取下刀具时小心刀具撞上工件、夹具等	—

【考核评价】

	评价内容	自我评价	小组互评	教师评价
技能	能合理选用铣刀	掌握(　) 模仿(　) 不会(　)	掌握(　) 模仿(　) 不会(　)	掌握(　) 模仿(　) 不会(　)
	掌握铣刀的装卸方法	掌握(　) 模仿(　) 不会(　)	掌握(　) 模仿(　) 不会(　)	掌握(　) 模仿(　) 不会(　)
知识	铣刀的材质	应用(　) 理解(　) 不懂(　)	应用(　) 理解(　) 不懂(　)	应用(　) 理解(　) 不懂(　)
	铣刀柄的种类	应用(　) 理解(　) 不懂(　)	应用(　) 理解(　) 不懂(　)	应用(　) 理解(　) 不懂(　)
	铣削参数的选用	应用(　) 理解(　) 不懂(　)	应用(　) 理解(　) 不懂(　)	应用(　) 理解(　) 不懂(　)
	简单评语			

【巩固提高】

1.简述铣削三要素。

2.如何正确选用铣刀?

项目三　数控铣削编程

【项目导读】

数控铣削编程常用到多种插补指令,其中有常用的直线插补指令和圆弧插补指令等,用于特殊形状零件的镜像、旋转、比例缩放、极坐标等特殊编程指令,还有指定场合下使用的圆柱插补指令和螺旋线插补指令等,可通过两个或多个坐标轴联动完成加工。此外,数控铣削编程中还有许多固定循环指令,如孔加工固定循环指令等。在编程时要熟练运用这些指令,合理地选择指令,使加工精度和加工效率达到最高。

任务一　数控铣及加工中心编程基础

【工作任务】

- 掌握坐标与编程的基础知识。

【任务目标】

- 了解机床坐标系和工件坐标系;
- 知道程序的结构和格式。

【知识准备】

一、数控机床的坐标系

数控机床的刀具或工作台在进行工作时,需要运动至各个位置进行零件的加工,其运动的每一个动作都是由数控机床的控制系统发出相应的指令来实现的。为了确保其能准确无误地沿着某个方向移动某一段距离,需要在数控机床上建立坐标系。

1.运动方向的确定原则

在机械加工过程中,不同的机床的加工原理不尽相同。例如,在车床的加工过程中,工件固定不动,刀具相对于工件进行运动。在铣床加工过程中,刀具固定不动,工件相对于刀具进行运动。按我国国家标准规定:无论是刀具相对于工件运动,还是工件相对于刀具运动,都是假定工件是静止的,而刀具相对于静止的工件而运动;并且,以刀具远离工件的运动方向为正方向。

2.坐标轴正方向的确定原则

按照我国国家标准规定,数控机床的坐标系采用右手笛卡儿直角坐标系。如图 3.1 所示,X,Y,Z 分别为坐标系的 3 个坐标轴:X 轴、Y 轴、Z 轴。3 个坐标轴两两互相垂直,其中,中指指向的方向为 Z 轴的正方向,食指指向的方向为 Y 轴的正方向,大拇指指向的方向为 X 轴的正方向。

3.机床坐标轴的确定

为简化编程和保证程序的通用性,对数控机床的坐标轴和方向命名制订了统一的标准,规定直线进给坐标轴用 X,Y,Z 表示,常称为基本坐标轴;围绕 X,Y,Z 轴旋转的圆周进给坐标轴分别用 A,B,C 表示,常称为旋转坐标轴。

机床坐标轴的方向取决于机床的类型和各组成部分的布局。X,Y,Z 坐标轴的相互关系用右手定则决定,如图 3.1 所示,图中大拇指的指向为 X 轴的正方向,食指指向为 Y 轴的正方向,中指指向为 Z 轴的正方向。

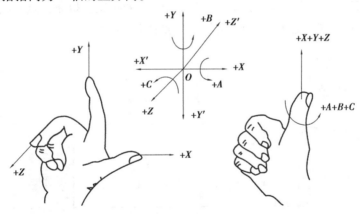

图 3.1

机床的各个坐标轴通常与机床的主要导轨相平行,在确定坐标轴时,一般先确定 Z 轴,然后确定 X 轴,最后确定 Y 轴。

(1)Z 轴的确定

在机床上,规定平行于机床传递切削动力的方向的坐标轴为 Z 轴。例如,车床、铣床等,其机床主轴的轴线方向便是 Z 轴方向。

(2)X 轴的确定

在机床上,规定水平方向且垂直于 Z 轴并平行于工件装夹平面的坐标轴为 X 轴。例如,车床、磨床等,垂直于工件轴线方向(工件径向方向)且平行于中拖板的方向为 X 轴;铣床、钻床等,垂直于刀具轴线方向(刀具径向方向)且平行于工作台的水平方向为 X 轴。

（3）Y 轴的确定

在机床上，规定 Y 轴的方向垂直于 Z 轴和 X 轴，所以当 Z 轴和 X 轴方向确定后，便可根据右手笛卡尔坐标系来确定 Y 轴方向。

4.机床坐标系和工件坐标系

数控机床坐标系根据其原点的设定位置不同可分为机床坐标系和工件坐标系。

（1）机床坐标系

机床坐标系设定前，通常会设定一个固定点，称为机床参考点。在数控铣及加工中心上，其位置通常设在 X 轴、Y 轴、Z 轴正方向的最大位置处；在数控车上，其位置通常设在离机床主轴端面和主轴中心线较远的位置。

机床坐标系在机床制造过程中进行数控机床安装调试时便已设定，并设有固定的坐标原点，即机床原点。机床原点与机床参考点有一个固定的位置关系，并一同存放在机床的数控系统中。一般机床原点会设在机床参考点处，在机床开机回零后，即建立了机床坐标系。

机床参考点、机床原点、机床坐标系之间的联系：

机床坐标系是机床固有的坐标系。其以机床零点为原点，各坐标轴平行于各机床轴的坐标系称为机床坐标系。机床坐标系的原点也称为机床原点或机床零点。机床坐标轴的有效行程范围是由软件限位来界定的，其值由制造商定义。机床原点 O_M、机床参考点 O_m、机床坐标轴的机械行程及有效行程的关系，如图 3.2 所示。

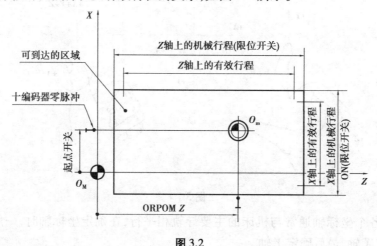

图 3.2

（2）工件坐标系

工件坐标系的各个坐标轴与相对应的数控机床的各个坐标轴分别平行且正方向相同。工件坐标系的原点称为工件原点，通常是编程工作人员编程时为了方便计算程序坐标位置而自行设定的，工件原点位置的确定可以不考虑工件在机床工作台上的实际装夹位置，但应考虑其对刀与编程工作的方便性，一个工件在加工过程中根据加工的方便性可一次或多次改变工作原点。

5.绝对坐标系和相对坐标系

（1）绝对坐标系

在数控机床中,刀具运动路径的坐标位置都是以固定的坐标原点为基准来计算测量的坐标系称为绝对坐标系。

（2）相对坐标系

在数控机床中,刀具运动路径的终点坐标位置是相对于起点坐标位置来计算测量的坐标系称为绝对坐标系。

二、程序结构与格式

在数控加工领域,用来控制机床进行机械加工的数控系统有很多,每种数控系统所使用的编程语言也不尽相同,程序结构和格式也有所区别。当针对某一种特定的数控系统编写程序时,应严格按照该系统编程手册的规定进行编程。

1.程序结构

数控程序结构通常由程序开始符、程序内容、程序结束符组成,如图 3.3 所示。世纪星铣床数控系统的程序开始符是以%或大写字母 O 及 4 位十进制数编号构成,程序结束符是 M02 或 M30。程序内容由若干个程序段组成,程序内容是整个程序的核心,设定了数控系统要完成的所有加工动作。其中,每一个程序段都是由若干程序指令构成的,每一个程序段确定一个完整的加工动作。

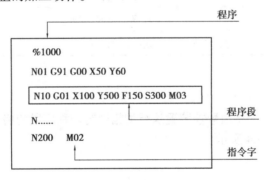

图 3.3

2.指令字的格式

当今国内外常用的程序段格式是字-地址可变程序段格式,每一个指令字前有一个地址字,一条程序段中包含的多条指令字没有严格的排列顺序,与上一条程序段相同的续效字可以省略不写。用这种程序段格式编写的程序简短、易读,并且便于程序内容的检验和修改。

一个指令字是由地址符(指令字符)和带符号(如定义尺寸的字)或不带符号(如准备功能字 G 代码)的数字数据组成的。程序段中不同的指令字符及其后续数值确定了每个指令字的含义。在数控程序段中包含的主要指令字符见表 3.1。

表 3.1

机 能	地 址	意 义	
零件程序号	%	程序编号：%0001～9999	
程序段号	N	程序段编号：N0～4294967295	
准备机能	G	指令动作方式（直线、圆弧等）G00～104	
尺寸字	X,Y,Z A,B,C U,V,W	坐标轴的移动命令±99999.999	
	R	圆弧的半径	
	I,J,K	圆心相对于起点的坐标	
进给速度	F	进给速度的指定	F0～36000
主轴机能	S	主轴旋转速度的指定	S0～9999
刀具机能	T	刀具编号的指定	T0～99
辅助机能	M	机床侧开/关控制的指定	M0～99
补偿号	H,D	刀具补偿号的指定	D00～99
暂停	P,X	暂停时间的指定	s
程序号的指定	P	子程序号的指定	P1～4294967295
重复次数	L	子程序的重复次数	
参数	R,P,F,Q,I,J,K	固定循环的参数	

3.程序段的格式

一个程序段定义一个将由数控装置执行的指令行。程序段的格式定义了每个程序段中功能字的句法，如图 3.4 所示。

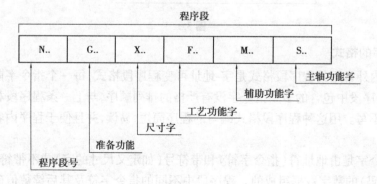

图 3.4

4.主程序和子程序

在数控加工的程序编写中,常用到主程序加子程序的结构模式。在加工的零件上有多个形状尺寸都相同的特征或者按一定规律加工多个相同的工件时,若按照常规的方法编写程序,会有若干程序段完全重复出现数次,为了减少程序的编程工作,可将这些重复程序段单独调出,按照规定的格式编写成为子程序,并存储在数控系统的子程序存储器中。选择调用子程序的程序为主程序,它和子程序都是独立的程序,主程序在运行过程中可以调用子程序,子程序运行结束后会返回主程序的调用位置,并继续运行主程序的后续程序段内容。

【考核评价】

评价内容	自我评价	小组互评	教师评价
理解机床坐标系	应用(　) 理解(　) 不懂(　)	应用(　) 理解(　) 不懂(　)	应用(　) 理解(　) 不懂(　)
知道坐标轴运动方向的规定	应用(　) 理解(　) 不懂(　)	应用(　) 理解(　) 不懂(　)	应用(　) 理解(　) 不懂(　)
知道程序的格式	应用(　) 理解(　) 不懂(　)	应用(　) 理解(　) 不懂(　)	应用(　) 理解(　) 不懂(　)
简单评语			

【巩固提高】

1.各坐标轴运动方向的确定原则是什么?

2.一个完整的程序由哪些内容组成?

任务二　数控铣及加工中心基本操作

【工作任务】

- 熟悉数控铣及加工中心的面板操作等内容；
- 掌握操作面板各个按键的功能及使用场合。

【任务目标】

- 熟悉数控铣及加工中心的面板操作等内容；
- 掌握操作面板各个按键的功能及使用场合。

【知识准备】

一、CNC 系统界面

华中数控铣床界面如图 3.5 所示。

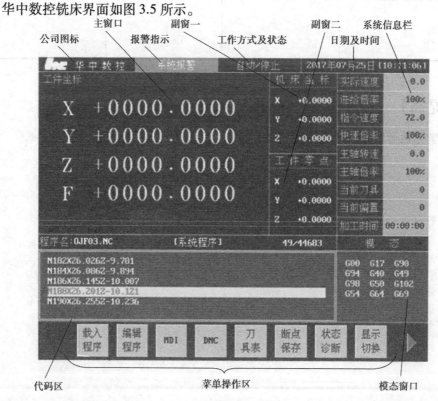

图 3.5

1.报警指示

该区域用以指示系统的报警状态。报警状态分为以下几种:

(1)系统复位

当松开急停开关或超程时按下超程解除键后,系统需要一定的复位时间,在复位期间内,系统不可操作,复位期间在报警指示区域内显示"复位"。

(2)超程

当工作台压上限位开关时,系统出现超程报警,并在报警指示区域内显示"超程"。

(3)紧急停止

当压下急停开关时,系统出现急停报警,并在报警指示区域内显示"急停"。

(4)系统报警

当系统出现以下报警之外的其他报警时,在报警指示区域内显示"系统报警"。

当以上报警同时出现时,在报警指示区域内显示的优先级(靠左边为高优先级,即出现报警时优先显示),如图3.6所示。

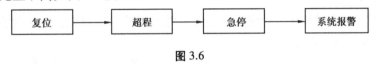

图3.6

2.工作方式及运行状态

系统分为5种操作方式,即自动、手动、SIDI、手轮、编辑。每个操作方式下又可按运行状态分为停止、运行、暂停(编辑方式外)。在工作方式及状态区域内实时显示CNC当前所处的操作方式及其运行状态,如"手动/停止"状态,其中,"手动"为当前的操作方式(手动方式),"停止"为当前机床的运动状态(停止状态)。

3.显示主窗口

在主窗口内显示刀具在工件坐标系中1的位置,即工作坐标。

4.显示副窗一

在副窗一中显示刀具在机床坐标系中的位置,即机床坐标。

5.显示副窗二

根据参数P0016设置值,在副窗二中可显示工件坐标零点、移动余量及跟随误差。

6.系统信息栏

在系统信息栏显示CNC的加工状态信息,包括实际速度、指令速度、进给倍率、快速倍率、主轴转速、主轴信率、当前刀具、刀具半径及加工时间等。

二、CNC系统操作方式

CNC系统所有功能均按操作方式分类,即所有功能均属于某一种特定操作方式下的功能子集,只能在相应的操作方式下才能进行操作。

CNC共分为5种操作方式:

1.自动方式

在自动方式下可自动运行加工程序、边传边加工以及刀位轨迹显示等。自动方式由操作面板<自动>键进行切换。

2.手动方式

在手动方式下可进行手动回参考点、点动及单步控制等操作。手动方式由操作面板<手动>键进行切换。

3.MDI 方式

在 MDI 方式下可输入并执行 MDI 指令、进行 CNC 各种参数设置以及 PLC 在线编程等。按自动方式下的"MDI"按钮可切换至 MDI 方式。

4.手轮方式

在手轮方式下可通过手摇来控制机床运动。手轮方式由操作面板"增量"进行切换。

5.编辑方式

在编辑方式下可对程序进行编辑或执行文件管理的相关功能。按自动方式下的"编辑"按钮可切换至编辑方式。

在 CNC 运行过程中,有两种方法可以判断 CNC 系统当前处于何种操作方式:第一,操作方式切换键中某一键的指示灯亮,表示 CNC 系统处于该键对应的操作方式下;第二,CNC 软件界面的工作方式及状态栏显示当前操作方式,如"手动/停止"。

(一)手动操作方式

手动方式包括两种操作模式,即回参考点模式和手动进给模式。手动回参考点实现各轴回零建立机床坐标系的功能,手动进给则可以手动方式移动各坐标轴。这两种操作模式由操作面板键<回参考点>进行切换,当该键指示灯亮时为回参考点模式,灯灭时为手动进给模式。

1.手动回参考点

系统上电或机床运行中按下急停开关后系统记录的位置与实际位置会有偏差,需要进行回参考点的操作进行校正,使系统建立的坐标系与实际位置一致,以保证前次机械坐标系与本次回零后的机械坐标系相一致。

回参考点也称为回机械零点。

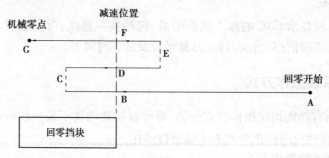

图 3.7

机床回参考点的过程包括 3 个阶段(图 3.7):

①从 A 点开始回零,运行至 B 点检测到回零挡块被压下的信号后开始减速,至 C 点停止为回零第一阶段。该阶段可设置比较高的回零速度,属于高速回零阶段。本阶段回零速度由下列参数设定:

P3021:X 轴高速回零速度(mm/min)

P3022:Y 轴高速回零速度(mm/min)

P3023:Z 轴高速回零速度(mm/min)

P3024:第 4 轴高速回零速度(°/min)

P3025:第 5 轴高速回零速度(°/min)

②从 C 点开始反向,至 D 点检测到回零挡块松开的信号后开始减速,至 E 点停止,然后再反向,至 F 点再次检测到回零挡块被压下的信号为回零的第二阶段。第二阶段属于低速回零阶段,其回零速度由下列参数设定:

P3031:X 轴低速回零速度(mm/min)

P3032:Y 轴低速回零速度(mm/min)

P3033:Z 轴低速回零速度(mm/min)

P3034:第 4 轴低速回零速度(°/min)

P3035:第 5 轴低速回零速度(°/min)

③第二阶段到 F 点检测到回零挡块被压下的信号后,即进入回零的第三阶段:找零阶段。由于电机的零点脉冲宽度有限,因此在找零阶段的速度不能设得太高,否则有可能错过零点脉冲导致回参考点失败,并且,如果找零时的速度设得太高,也可能会影响回零精度。本阶段回零速度由下列参数设定:

P3101:X 轴低速找零速度(mm/min)

P3102:Y 轴低速找零速度(mm/min)

P3103:Z 轴低速找零速度(mm/min)

P3104:第 4 轴低速找零速度(°/min)

P3105:第 5 轴低速找零速度(°/min)

在回参考点过程的前两个阶段(高速回零阶段、低速阶段),实际回零速度可由进给倍率改变,即

实际回零速度=速度设定值×进给倍率

在回参考点的第三阶段,即低速找零阶段时,为了保证回零精度及重复性,实际回零速度等于回零速度设定值,与进给倍率无关。

(1)回参考点的方向设置

各坐标轴的回零方向由以下参数设定:

P3011:X 轴回零方向(0—正方向回零;1—负方向回零)

P3012:Y 轴回零方向(0—正方向回零;1—负方向回零)

P3013:Z 轴回零方向(0—正方向回零;1—负方向回零)

P3014:第 4 轴回零方向(0—正方向回零;1—负方向回零)

P3015:第 5 轴回零方向(0—正方向回零;1—负方向回零)

(2)回参考点操作步骤

a.按操作面板<手动>键切换到手动方式下,确认<手动>键指示灯亮且 CNC 系统界面工作方式及状态栏显示"手动/停止"状态。

b.在手动方式下按<回参考点>键,并确认该键处于指示灯亮的状态。

c.选择需要回零的轴,即操作面板上的轴选键(X,Y,Z,4 和 5 其中之一),例如 X 轴回零则可按<X>键。按下后该轴开始回零,且所按轴选键指示灯亮。当依次按下多个轴选键时,可进行多轴同时回零。

d.回零结束判断:当机床坐标值不再变化且保持为零值时,其对应轴的回零已完成。

(3)回参考点过程的终止

在回参考点开始后的各阶段中(高速回零阶段、低速阶段、找零阶段),有两种操作可以终止当前的回零过程:

a.按<回参考点>键,使其指示灯灭即可终止当前的回零过程。该操作终止回零后,系统已切换到手动进给模式,可用 JOG 方式移动各轴。

b.按<进给保持>键,该操作终止回零后,需再按一次<回参考点>键,使其指示灯灭后才能切换到手动进给模式。

以上操作将终止所有轴的回零动作。

注意:

(1)回零前应调整好工作台和刀具的位置,以保证回零过程中不发生运动干涉。

(2)只有在高速回零阶段和低速阶段,进给倍率开关才能调节回零速度。当进入找零阶段后,进给倍率开关对回零速度的调节作用无效。

(3)低速找零阶段的速度不应设得太高,否则会导致回零位置误差偏大。

2.手动进给操作

手动进给操作分为手动单步和手动点动两种模式。

①手动单步:按下某轴的轴选键,工作台移动一个步长的距离后自动停止。

②手动点动:按下某轴的轴选键的同时,相应的轴开始移动,直到该键松开时,轴减速停止。

手动单步进给:当操作面板单步步长选择键<X1>、<X10>、<X100>、<X1000>中的某一个键指示灯亮时,为手动单步进给模式,此时的单步步长由上述按键确定,依次为:

<X1>:0.001 mm

<X10>:0.01 mm

<X100>:0.1 mm

<X1000>:1 mm

手动单步的操作过程如下:

a.将 CNC 系统切换到手动方式下。

b.根据所需的单步步长,按操作面板相应的步长选择键,并确认其指示灯亮。

c.选择移动轴的轴选键,确认其指示灯亮。

d.根据需要移动的方向按<JOG+>或<JOG->,轴开始移动,并在移动一个步长后减速停止。

手动点动进给:当操作面板单步步长选择键<X1>、<X10>、<X100>、<X1000>的指示灯都不亮时,为手动点动进给模式。

点动进给操作步骤:

a.首先将CNC系统切换到手动方式下。

b.确保操作面板单步步长选择键<X1>、<X10>、<X100>、<X1000>的指示灯均为熄灭状态。

c.选择移动轴的轴选键,并确认其指示灯亮。根据需要移动的方向按下<JOG+>或<JOG->,此时轴开始移动,到达目标位置后松开<JOG>键,轴自动减速停止。

手动快速以手动进给模式移动坐标轴时,轴移动的理论速度分为快速挡和常速两挡,由操作面板<快速>键进行切换。

快速挡:当操作面板<快速>键的指示灯亮时,手动操作处于快速挡,此时的理论速度由参数P2011~2015设定,实际移动速度=参数设定值×快速倍率。

常速挡:当操作面板<快速>键的指示灯熄灭时,手动操作处于常速挡,此时的理论速度由系统内部指定(线性轴1 000 mm/min,旋转轴360°/min),实际移动速度=理论速度×进给倍率。

(二)手轮操作方式

与手轮控制相关的参数设置。

1.手轮脉冲当量

手轮脉冲当量就是指手轮在<X1>的倍率下,手摇一个脉冲(一格)时轴移动的距离(或转动的角度)。因此,摇动手轮时轴移动的距离为:

轴移动距离(或角度)=手轮脉冲数×手轮倍率×手轮脉冲当量

手轮脉冲当量由以下参数设定:

P0237:线性轴手轮当量

P0238:旋转轴手轮当量

2.手轮操作时的最大速度限制

以手轮控制工作台的运动时,工作台运动的最大速度不会超过如下参数设置的值:

P0234:线性轴手轮控制时的最大速度限制

P0235:旋转轴手轮控制时的最大速度限制

3.手轮操作时的最大加速度限制

以手轮控制工作台的运动时,工作台运动的最大加速度不会超过以下参数设置的值:

P0231:线性轴手轮控制时的最大加速度限制

P0232:旋转轴手轮控制时的最大加速度限制

4.手轮方向设置

当手轮控制工作台运动的方向不正确时,可由下列参数来改变手轮控制工作台运动的方向:

P0230=1:手轮控制方向取反

P0230=0:手轮控制方向不取反

5.手轮控制的操作步骤

手轮方式下,转动手摇脉冲发生器,可以使机床微量进给。其操作步骤如下:

①按操作面板<增量>键将系统切换到手轮方式(确认:<增量>键指示灯亮,且 CNC 系统工作方式及状态栏显示"手轮/停止"状态)。

②拨动手轮上轴选波段开关,使开关指向要操作的轴(开关指向"OFF"时,手轮处于关闭状态,不能操作任何轴)。

③拨动手轮倍率开关,选择适当的手轮倍率。

④转动手轮移动选中的轴。

【考核评价】

	评价内容	自我评价	小组互评	教师评价
技能	能进行机床回零操作	掌握( ) 模仿( ) 不会( )	掌握( ) 模仿( ) 不会( )	掌握( ) 模仿( ) 不会( )
	认识机床面板	掌握( ) 模仿( ) 不会( )	掌握( ) 模仿( ) 不会( )	掌握( ) 模仿( ) 不会( )
知识	手轮操作的方法	应用( ) 理解( ) 不懂( )	应用( ) 理解( ) 不懂( )	应用( ) 理解( ) 不懂( )
	机床面板	应用( ) 理解( ) 不懂( )	应用( ) 理解( ) 不懂( )	应用( ) 理解( ) 不懂( )
	简单评语			

【巩固提高】

1.怎样实现机床快速移动?

2.机床回零操作的目的是什么?

任务三　数控铣削编程常用指令

【工作任务】

- 掌握数控铣削的常用指令；
- 能正确运用编程指令编写零件加工的程序。

【任务目标】

- 知道数控铣削常用的指令代码；
- 知道各指令的格式及指令字的意义；
- 能正确使用各指令编写零件的加工程序。

【知识准备】

一、常用 G 代码指令

G 指令是一种准备性工艺指令，通常由 G 及两位数字组成，有 G00～G99 共 100 种指令。G 指令是在机床数控系统进行插补运算之前进行设定的，使机床完成某种加工方式。

1.G90 绝对坐标指令和 G91 相对坐标指令

在数控铣床中，G90 指令的作用是设定程序段内的坐标值按绝对坐标进行编写；G91 指令的作用是设定程序段内的坐标值按增量坐标进行编写。通常数控铣床的数控系统在初始状态时，默认为 G90 状态。

G90：绝对值编程，每个编程坐标轴上的编程值是相对于程序原点的。

G91：相对值编程，每个编程坐标轴上的编程值是相对于前一位置而言的，该值等于沿轴移动的距离。

G90 和 G91 为模态功能，可相互注销，G90 为缺省值。

G90 和 G91 可用于同一程序段中，但要注意其顺序所造成的差异。

【例 3.1】　如图 3.8 所示，使用 G90 和 G91 编程：要求刀具由原点按顺序移动到 1,2,3 点。

2.G54～G59 工件坐标系指令

G54～G59 指令是选取工件坐标系，在进行机械加工前，通常将对刀后设定的工件原点相对于机床原点的偏置值输入偏置寄存器中。在加工时，通过输入 G54～G59 指令直接调取存储器中的数值即可。G54～G59 共有 6 条指令，因此，能设定 6 个不同的工件坐标系，可用于在一个工作台上同时加工多个不同工件的工件坐标系的设定。

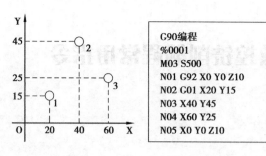

图 3.8

工件坐标系一旦选定后,后续程序段中绝对编程时的指令值均为相对此工件坐标系原点的值。

G54~G59 为模态功能,可相互注销,G54 为缺省值。

【例 3.2】 如图 3.9 所示,使用工件坐标系编程:要求刀具从当前点移动到 G54 坐标系下的 A 点,再移动到 G59 坐标系下的 B 点,然后移动到 G54 坐标系零件 O_1 点。

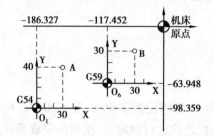

图 3.9

3.G00 快速进给指令

G00 指令是指通过点定位的方式,使刀具从当前位置快速移动至坐标系的指定坐标点。

指令格式:

G00 X__ Y__ Z__;

其中,X,Y,Z 为终点位置坐标,G00 指令只控制刀具进行快速移动,对刀具的运动路线没有具体要求,G00 指令下的程序段可进行直线或斜线运动。应注意的是编写程序时,要根据机床的说明书参考其各种参数,避免刀具超行程或与机床发生干涉碰撞。G00 指令通常不进行铣削加工,主要用于空行程运动,其运动速度是以机床系统在出厂设置中设定的参数为准。G00 指令中不应指定进给速度 F,如果指定进给速度 F,本段程序将不执行 G00 指令,但下一段程序持续执行 G00 指令。

【例 3.3】 如图 3.10 所示,使用 G00 编程:要求刀具从 A 点快速定位到 B 点。

当 X 轴和 Y 轴的快进速度相同时,从 A 点到 B 点的快速定位路线为 A→C→B,即以折线的方式到达 B 点,而不是以直线的方式从 A→B。

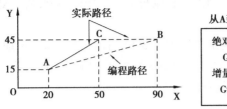

图 3.10

4.G01 直线插补指令

G01 指令是控制刀具按程序段中设定的进给速度 F,从当前位置出发,加工出机床进行插补运算得出的任意斜率的直线。

指令格式:

G01　X__　Y__　Z__　F__;

其中,X,Y,Z 为终点位置坐标,F 为进给速度。G01 指令中,刀具的起点位置为刀具的当前位置,故而程序段中无须设定起点位置坐标,只需设定终点位置坐标即可。G01 指令在程序段中必须设定进给速度 F,或者在前面程序段中已经设定进给速度,在本程序段持续有效。

G01 指令是模态代码,可由 G00,G02,G03 或 G34 功能注销。

【例 3.4】　如图 3.11 所示,使用 G01 编程:要求从 A 点线性进给到 B 点(此时的进给路线是从 A→B 的直线)。

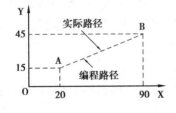

图 3.11

5.G02,G03 圆弧插补指令

指令格式:

在 XOY 平面内 G17 $\begin{Bmatrix} G02 \\ G03 \end{Bmatrix}$ X__　Y__ $\begin{Bmatrix} I__ & J__ \\ R__ \end{Bmatrix}$ F__;

在 ZOX 平面内 G18 $\begin{Bmatrix} G02 \\ G03 \end{Bmatrix}$ X__　Z__ $\begin{Bmatrix} I__ & K__ \\ R__ \end{Bmatrix}$ F__;

在 YOZ 平面内 G19 $\begin{Bmatrix} G02 \\ G03 \end{Bmatrix}$ Y__　Z__ $\begin{Bmatrix} J__ & K__ \\ R__ \end{Bmatrix}$ F__;

圆弧插补指令是控制刀具按程序段中设定的进给速度 F,从当前位置出发,加工出机

床进行插补运算得出的任意形状的圆弧。在编写圆弧程序时,顺时针圆弧用 G02 指令,逆时针圆弧用 G03 指令。

顺时针圆弧和逆时针圆弧的判别方法如图 3.12 所示,沿着垂直于加工平面的坐标轴负方向看,刀具铣削路径是顺时针方向转动即为顺时针圆弧,用 G02 指令编程;刀具铣削路径是逆时针方向转动即为逆时针圆弧,用 G03 指令编程。

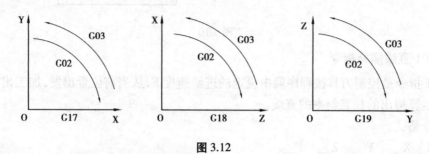

图 3.12

圆弧插补指令常用的有两种指令格式:

(1)已知终点坐标和圆弧半径

此时用 G02 或 G03 指令编写圆弧程序仍有两种刀具路径。当圆弧的圆心角≤180°时,为小圆弧,当 180°<圆心角<360° 时,为大圆弧。编程时可用"±"号来指定大圆弧和小圆弧,得到唯一确定的刀具路径,小圆弧为"−"号,大圆弧为"+"号。

指令格式:

G17/G18/G19 G02/G03 X__ Y__/X__ Z__/Y__ Z__ R__ F__;

其中,G17,G18,G19 分别为设定 XOY 平面、XOZ 平面、YOZ 平面的指令;G02,G03 为顺时针圆弧、逆时针圆弧指令;X,Y,Z 为终点位置坐标;R 为铣削圆弧半径;F 为进给速度。应当注意的是此种指令格式不能加工整圆。

(2)已知圆心坐标和圆弧半径

此时用 G02 或 G03 指令编写圆弧程序时,可直接确定圆心位置坐标,故而可以得到唯一的刀具路径。

指令格式:

G17/G18/G19 G02/G03 X__ Y__/X__ Z__/Y__ Z__ I__ J__/I__ K__/
J__ K__ F__;

其中,G17,G18,G19 分别为设定 XOY 平面、XOZ 平面、YOZ 平面的指令;G02,G03 分别为顺时针圆弧和逆时针圆弧指令;X,Y,Z 为终点位置坐标;在 G90 或 G91 状态下,I,J,K 分别表示从圆心位置相对于当前位置在 X,Y,Z 轴方向上的增量值,如图 3.13 所示。若 I,J,K 为 0 时,可省略不写。

> 注:
>   不是整圆编程时,定义 R 方式与定义 I,J,K 方式只需选择一种。当两种方式都定义,以 R 方式有效。

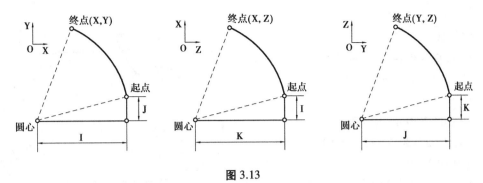

图 3.13

【例 3.5】　使用 G02 对图 3.14 所示的劣弧 a 和优弧 b 编程。

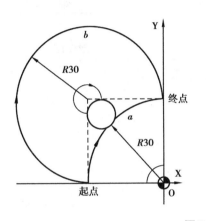

圆弧编程的4种方法组合

(i)圆弧 a
G91 G02 X30 Y30 R30 F300
G91 G02 X30 Y30 I30 J0 F300
G90 G02 X0 Y30 R30 F300
G90 G02 X0 Y30 I30 J0 F300
(ii)圆弧 b
G91 G02 X30 Y30 R−30 F300
G91 G02 X30 Y30 I0 J30 F300
G90 G02 X0 Y30 R−30 F300
G90 G02 X0 Y30 I0 J30 F300

图 3.14

【例 3.6】　使用 G02/G03 对图 3.15 所示的整圆编程。

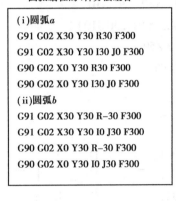

(i)从A点顺时针一周时
G90 G02 X30 Y0 I−30 J0 F300
G91 G02 X0 Y0 I−30 J0 F300
(ii)从B点逆时针一周时
G90 G03 X0 Y−30 I0 J30 F300
G91 G03 X0 Y0 I0 J30 F300

图 3.15

【例 3.7】　如图 3.16 所示,用 φ8 的刀具,沿双点画线加工深 3 mm 的凹槽。

%0001

N1 G92 X0 Y0 Z50

N2 M03 S500

N3 G00 X10 Y30

N4 Z5

N5 G01 Z-3 F40

N6 X30

N7 G02 X38.66 Y25 R10

（N7 G02 X38.66 Y25 J-10）

N8 G01 X47.32 Y10

N9 G02 X30 Y-20 R20

（N9 G02 X30 Y-20 J-10 I-17.32）

N10 G01 X0

N11 G02 X0 Y20 R20

（N11 G02 X0 Y20 J20）

N12 G03 X10 Y30 R10

（N13 G03 X10 Y30 J10）

N14 G00 Z50

N15 X0 Y0

N16 M30

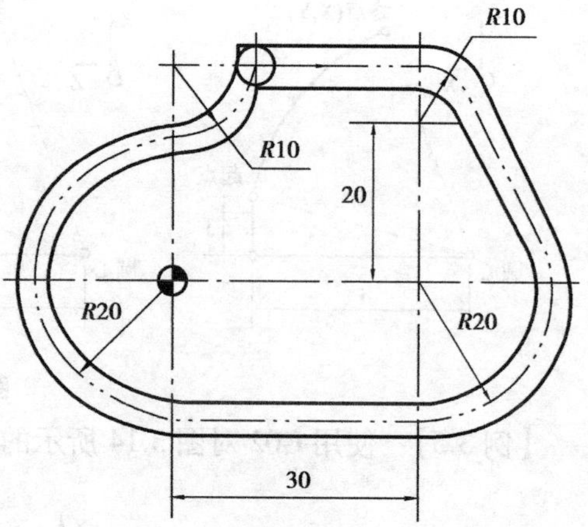

图 3.16

（3）螺旋线进给

指令格式：

$$G17 \begin{Bmatrix} G02 \\ G03 \end{Bmatrix} X\_\_ \quad Y\_\_ \begin{Bmatrix} I\_\_ \quad J\_\_ \\ R\_\_ \end{Bmatrix} Z\_\_ \quad F\_\_ \quad L$$

$$G18 \begin{Bmatrix} G02 \\ G03 \end{Bmatrix} X\_\_ \quad Z\_\_ \begin{Bmatrix} I\_\_ \quad K\_\_ \\ R\_\_ \end{Bmatrix} Y\_\_ \quad F\_\_ \quad L$$

$$G19 \begin{Bmatrix} G02 \\ G03 \end{Bmatrix} Y\_\_ \quad Z\_\_ \begin{Bmatrix} J\_\_ \quad K\_\_ \\ R\_\_ \end{Bmatrix} X\_\_ \quad F\_\_ \quad L$$

说明：

螺旋线分别投影到 G17/G18/G19 二维坐标平面内的圆弧终点,意义同圆弧进给,螺旋线在第 3 坐标轴上的投影距离（旋转角小于或等于 360°范围内）。

I,J,K,R:意义同圆弧进给。

L:螺旋线圈数（第 3 坐标轴上投影距离为增量值时有效）。

【例 3.8】 使用 G03 对图 3.17 所示的螺旋线编程。

N10 G01 X0

N11 G02 X0 Y20 R20

（N11 G02 X0 Y20 J20）

N12 G03 X10 Y30 R10

（N13 G03 X10 Y30 J10）

N14 G00 Z50

N15 X0 Y0

N16 M30

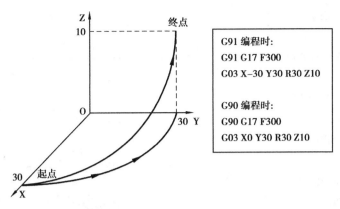

图 3.17

6.G41,G42,G40 刀具半径左补偿、刀具半径右补偿和取消刀具半径补偿指令

在铣削加工过程中,铣刀的直径不可忽略。在加工平面内的轮廓时,如果不计算刀具的半径补偿,即忽略了刀具直径的存在,直接沿着轮廓编程,在铣削加工结束后,得到的实际轮廓尺寸将比图纸轮廓尺寸相差一个刀具直径。因此,在编写刀具路径的程序时,每一个坐标点与图纸轮廓相对应的点都应该有一个刀具半径的偏移量。刀具半径补偿功能就是根据图纸轮廓和刀具半径分析计算出刀具中心的运动轨迹,使工作人员在编写程序时,只需按照图纸轮廓进行编程,并在程序中给出刀具半径补偿指令,便可加工出正确尺寸的轮廓,从而大大减少了工作量。

指令格式:G41/G42　D__;

其中,G41 为刀具半径左补偿,G42 为刀具半径右补偿,D 指令的功能为指定刀具补偿号,从垂直于加工平面的第三轴的负方向看向其正方向,从刀具运动方向看,若刀具向轮廓左侧偏移一个半径,即为刀具半径左补偿,如图 3.18(a)所示,用 G41 指令;若刀具向轮廓右侧偏移一个半径,即为刀具半径右补偿,如图 3.18(b)所示,用 G42 指令。G40 为取消刀具半径补偿指令,用来注销 G41 或 G42 指令。

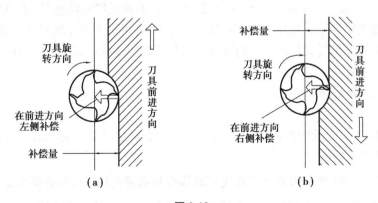

图 3.18

【例 3.9】　考虑刀具半径补偿,编制如图 3.19 所示零件的加工程序:要求建立如图 3.19 所示的工件坐标系,按箭头所指示的路径进行加工,设加工开始时刀具距离工件上表

面 50 mm,切削深度为 10 mm。

%3322

G92 X-10 Y-10 Z50

G90 G17

G42 G00 X4 Y10 D01

Z2 M03 S900

G01 Z-10 F800

X30

G02 X30 Y30 I0 J10

G01 X10 Y20

Y5

G00 Z50 M05

G40 X-10 Y-10

M02

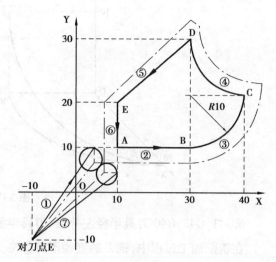

图 3.19

注意：

①刀具半径补偿平面的切换必须在补偿取消方式下进行；

②刀具半径补偿的建立与取消只能用 G00 或 G01 指令,不能是 G02 或 G03 指令。

7.G43,G44,G49 刀具长度补偿指令

在数控铣床或数控加工中心上,刀具长度补偿指令通常是沿着刀具轴向方向的补偿。其作用是使刀具在轴向方向上的实际移动距离与给定值相差一个补偿量。例如,当加工零件的尺寸在刀具轴向方向发生变化时,可以不改变程序,只修改刀具长度补偿值,便可加工出所要求的零件尺寸,由此可以提高效率。

使用刀具长度补偿指令编程时,不需要考虑每把刀的实际长度和各把刀具长度不同等问题,只需加工前,在 MDI 格式下,将各把刀具的"刀具长度补偿值"输入机床数控系统相对应的存储器中即可。在加工时,通过指定补偿号即可加工出正确尺寸。若刀具磨损、断裂或由于其他原因需要更换刀具而导致刀具长度发生变化时,不必修改程序,只需修改刀具长度补偿值即可。

指令格式:G43/G44　H__　Z__;

G49 Z_;

其中,G43 为刀具长度正补偿,G44 为刀具长度负补偿,Z 为坐标值,H 为选择补偿号,G49 为取消刀具长度补偿。

8.G81,G73,G83 和 G80 孔加工固定循环指令和取消孔加工固定循环指令

数控铣床和加工中心通常都具有完成孔特征加工的功能,只需使用一个程序段便可完成一个孔的所有加工动作。当需要加工多个相同类型的孔时,只需在第一个孔的位置给定一次孔加工固定循环指令,其余多个孔的加工只需给定坐标位置即可,由此可以大大

缩短程序段,减少工作人员的工作量。

(1)G81 浅孔加工固定循环指令

指令格式:G99/G98 G81 X__ Y__ Z__ R__ F__;

其中,G99 为孔加工完成后返回参考点;G98 为孔加工完成后返回初始点;G81 为浅孔加工固定循环指令;X,Y,Z 为加工孔的坐标值;R 为参考点的位置;F 为孔加工时的进给速度。此种孔加工固定循环指令常用于浅孔加工和通孔加工。

(2)G83 深孔加工固定循环指令

指令格式:G99/G98 G83 X__ Y__ Z__ R__ P__ Q__ F__;

其中,G99 为孔加工完成后返回参考点;G98 为孔加工完成后返回初始点;G81 为浅孔加工固定循环指令;X,Y,Z 为加工孔的坐标值;R 为参考点的位置;P 为刀具在孔底的停留时间;Q 为单次切削深度数值;F 为孔加工时的进给速度。此种孔加工固定循环指令常用于深孔加工和盲孔加工。

(3)G73 快速深孔加工固定循环指令

指令格式:G99/G98 G73 X__ Y__ Z__ R__ P__ Q__ K__ F__;

其中,G99 为孔加工完成后返回参考点;G98 为孔加工完成后返回初始点;G81 为浅孔加工固定循环指令;X,Y,Z 为加工孔的坐标值;R 为参考点的位置;P 为刀具在孔底的停留时间;Q 为单次切削深度数值;K 为每次加工后刀具的提升值;F 为孔加工时的进给速度。此种孔加工固定循环指令常用于深孔加工和盲孔加工。

G80 指令用于取消孔加工固定循环指令。

二、辅助功能 M 指令

M 指令是辅助功能指令,通常由 M 及两位数字组成,有 M00~M99 共 100 种指令。M 指令按逻辑功能分成多组,如 M03,M04,M05 为一组。在同一程序段中,同为一组的 M 指令不能同时使用。

1.M00 程序停止指令

M00 指令主要用于停止主轴旋转、刀具进给和切削液关停,并暂停执行后续加工的程序。在加工过程中,如需进行手动操作,如测量、排屑等,便可使用 M00 指令。手动操作结束后,按"启动键"可继续执行后续加工程序。

2.M03,M04,M05 主轴正转、反转和停转指令

主轴正转是指从 Z 轴负方向看向 Z 轴正方向,若主轴顺时针旋转,即为主轴正转,用 M03 指令;若主轴逆时针旋转,即为主轴反转,用 M04 指令。主轴停转用 M05 指令,通常主轴停转时,切削液会自动关闭。M03,M04 指令需要与 S 主轴转速指令一起使用,否则程序段无效。

3.M06 换刀指令

M06 指令一般用在加工中心的刀库换刀时使用。它不包括选择刀具,通常与刀具功能 T 指令一起使用。单独使用时,也可作为自动关闭切削液和主轴停转。

4.M08,M09 切削液开和切削液停指令

M09 指令用于取消 M08 指令。

5.M30 程序结束指令

M30 指令是在机床运行完所用程序段的指令后,使主轴旋转、刀具进给和切削液同时停止,并返回程序的开始状态。因此,M30 指令通常编写在最后一个程序段,表示此次加工结束。

6.M98,M99 调用子程序和子程序结束指令

在主程序中调用子程序的格式为 M98　P＿；其中,P 为子程序的程序名。子程序必须以 M99 结束,不能以 M30 结束。

三、F,S,T 功能指令

1.F 进给速度功能指令

F 指令是刀具沿各个坐标轴或各个坐标轴的任意组合进行机械加工时,用来设定刀具的进给速度;如果铣削螺纹特征,在编写程序时可以作为用来指定螺纹导程的指令进行使用。

F 指令通常采用直接指定的形式,与 G 指令配合使用,其使用方法通常有以下两种形式:

(1)F 值为每分钟进给量

指令格式:G94　F＿;

其中,F 后面的数值即为刀具每分钟进给量。例如,G94　F200,表示刀具的进给速度为 200 mm/min。

(2)F 值为每转进给量

指令格式:G95　F＿;

其中,F 后面的数值即为刀具每转进给量。例如,G95　F1.5,表示刀具的进给速度为 1.5 mm/r,即主轴每转一圈,刀具移动 1.5 mm。

2.S 主轴转速功能指令

S 指令是用来设定主轴的转速,大多采用直接给定的方式。通常与 G 指令一起使用,其使用方面主要有以下两种:

(1)S 值为转速

指令格式:G97　S＿;

其中,S 后面的数值即为主轴转速。例如,G94　S800,表示主轴转速为 800 r/min。

(2)S 值为线速度

指令格式:G96　S＿;

其中,S 后面的数值即为线速度。例如,G94　S200,表示线速度为 200 m/min。

3.T 刀具功能指令

T 指令通常用于数控机床的自动换刀功能,可以指定所需要的刀具号,通常与 M06 一起使用。例如,M06　T05,表示将05号刀具换到当前位置。

【考核评价】

	评价内容	自我评价	小组互评	教师评价
技能	能正确运用各指令编制零件程序	掌握(　) 模仿(　) 不会(　)	掌握(　) 模仿(　) 不会(　)	掌握(　) 模仿(　) 不会(　)
知识	各指令的格式与使用方法	应用(　) 理解(　) 不懂(　)	应用(　) 理解(　) 不懂(　)	应用(　) 理解(　) 不懂(　)
	简单评语			

【巩固提高】

1.G00 与 G01 有何区别?

2.M30 与 M02 有何区别?

3.试编写图 3.20 的加工程序。

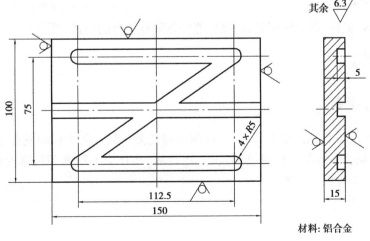

材料:铝合金

图 3.20

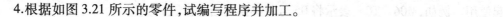
4.根据如图 3.21 所示的零件,试编写程序并加工。

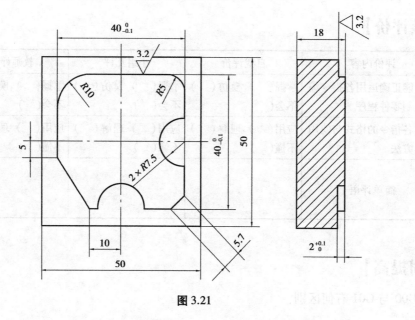

图 3.21

任务四　数控铣削编程特殊指令

【工作任务】

掌握旋转、镜像、等比例缩放、极坐标等特殊编程指令的格式与用法。

【任务目标】

熟悉旋转、镜像、等比例缩放、极坐标等特殊编程指令的格式与用法。

【知识准备】

一、镜像指令

镜像指令可以将图纸中形状、尺寸相同的特征关于某一条坐标轴或者直线进行对称加工,缩短了编程人员的工作量,提高了工作效率,并且加工精度和可靠性得到了保障。其程序格式主要有以下两种:

1.G51.1　**X__　Y__**;

G50.1;

其中,G51.1 为建立镜像,G50.0 为取消镜像,X,Y 为轴或一个点。

2.G51　X__　Y__　I__　J__;

G50;

其中,G51 为建立镜像,G50 为取消镜像,X,Y 为坐标值,I,J 为轴。

> 注意:
>   I,J 为负值且 I=J=-1;若 I,J 为正值,则表示缩放。

【典型案例】

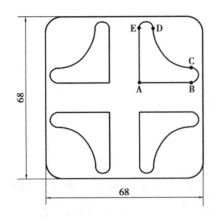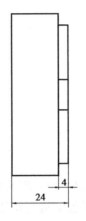

A: X6.50　Y6.50
B: X29.0　Y6.50
C: X29.0　Y12.50
D: X12.5　Y29.0
E: X6.50　Y29.0

图 3.22

【案例分析】

如图 3.22 所示,工件为 4 个形状、尺寸完全相同的特征,且其分布特点为分别关于 X 轴和 Y 轴对称。因此,可采用镜像指令对其进行编程加工。

主程序:

O1;

G90 G54 G0 X0 Y0 S1300 M3;

G43 H1 Z100;

G0 Z5;

G01 Z-4 F80;

M98 P100;

G51.1 X0;

M98 P100;

G50.1;

G51.1 X0 Y0;

M98 P100;

G50.1;

G51.1 Y0;

M98 P100;

G50.1;

G0 Z100;

M30;

子程序：

O100;

G01 G41 Y6.5 D1 F100;

X29 Y6.5;

G03 X29 Y12.5 R3;

G02 X12.5 Y29 R17.5;

G03 X6.5 Y29 R3;

G01 Y0;

G40 X0;

M99;

二、旋转指令

旋转指令可将图纸中形状、尺寸相同的特征关于某一坐标点进行旋转加工，缩短了编程人员工作量的同时提高了加工精度和可靠性，生产效率高。其程序格式如下：

G68 X__ Y__ R__;

G69;

其中，G68 为建立旋转，G69 为取消旋转，X，Y 为旋转中心，R 为旋转角度，旋转范围为 0°～360°。正角度为逆时针旋转，负角度为顺时针旋转。

【典型案例】

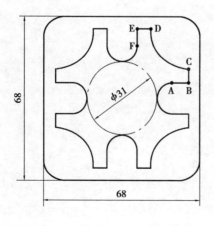
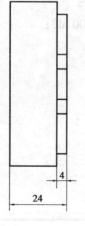

A: X22.0 Y6.50

B: X29.0 Y6.50

C: X29.0 Y12.50

D: X12.5 Y29.0

E: X6.50 Y29.0

F: X6.50 Y22.0

图 3.23

【案例分析】

如图 3.23 所示,工件的全部特征可视为由右上角部分特征,以工件中心点为基点,经过 3 次旋转后得到。因此,可采用旋转指令对其进行编程加工。

主程序:

```
O2;
G90 G54 G0 X0 Y0 S1300 M3;
G43 H1 Z100;
G0 Z5;
G01 Z-4 F80;
G68 X0 Y0 R45;
M98 P200;
G68 X0 Y0 R135;
M98 P200;
G68 X0 Y0 R225;
M98 P200;
G68 X0 Y0 R315;
M98 P200;
G69;
G0 Z100;
M30;
```

子程序:

```
O200;
X22 Y0;
G01 Z-4 F80;
G41 D1 Y6.5 F200;
X29;
Y12.5;
G02 X12.5 Y29 R17.5;
G01 X6.5;
Y22;
G02 X0 Y15.5 R6.5;
G01 Y22;
G40 X0;
G0 Z5;
M99;
```

三、等比例缩放指令

等比例缩放指令可将图纸中的某一个特征以某一坐标点为基点进行等比例缩放加工,缩短了编程人员工作量的同时提高了加工精度和可靠性,生产效率高。其程序格式通常有以下两种形式:

1.G51 X__ Y__ Z__ I__ J__ K__;

G50;

其中,G51为建立等比例缩放,G50为取消等比例缩放,X,Y,Z为缩放中心的坐标值,I,J,K为不同轴上的缩放比例。

> 注意:
>
> (1)平面内一般无Z。
>
> (2)程序中需要设定刀补指令时,应先编写等比例缩放指令,然后进行刀具长度补偿指令和刀具半径补偿指令的编写。
>
> (3)在等比例缩放指令中,当Z发生变化时,一般直接调用子程序。

2.G51 X__ Y__ Z__ P__;

G50;

其中,G51为建立等比例缩放,G50为取消等比例缩放,P为缩放倍数。

【典型案例】

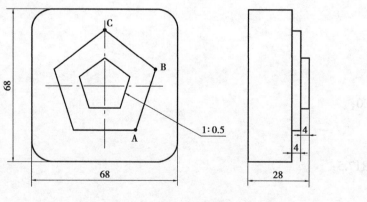

图3.24

A: X14.53 Y–20.0
B: X23.51 Y7.64
C: X0.0 Y24.72

【案例分析】

如图3.24所示,工件的两个特征是相似五边形。由图可知,两个特征的相似比为1:0.5,即可以将尺寸较大的特征经过缩小一半之后得到尺寸较小的特征。因此,可采用等比例缩放指令对其进行编程加工。

主程序:

O3；

M98 P300；

G51 X0 Y0 Z0 I0.5 J0.5 K2；

M98 P300；

G50；

G0 Z100；

M30；

子程序：

O300；

G90 G54 G0 X0 Y0 S1300 M3；

G43 H1 Z100；

G0 Z5；

X-30 Y-30；

G01 Z-4 F80；

G41 D1 Y-20 F200；

X14.53；

X23.51 Y7.64；

X0 Y24.72；

X-23.51 Y7.64；

X-14.53 Y-20；

G40 Y-30；

G0 Z5；

M99；

【考核评价】

评价内容		自我评价	小组互评	教师评价
技能	会用特殊指令简化程序	掌握（ ）模仿（ ）不会（ ）	掌握（ ）模仿（ ）不会（ ）	掌握（ ）模仿（ ）不会（ ）
知识	特殊指令的格式	应用（ ）理解（ ）不懂（ ）	应用（ ）理解（ ）不懂（ ）	应用（ ）理解（ ）不懂（ ）
	特殊指令的用法	应用（ ）理解（ ）不懂（ ）	应用（ ）理解（ ）不懂（ ）	应用（ ）理解（ ）不懂（ ）
简单评语				

【巩固提高】

1.旋转指令的格式是什么？

2.镜像指令适用于哪类零件？

项目四　简单零件加工

【项目导读】

本项目主要进行简单零件的工艺分析与加工训练，主要为实践练习。

任务一　平面铣削加工

【工作任务】

- 完成如图 4.1 所示的工件加工。

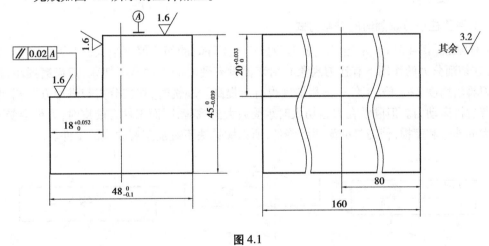

图 4.1

【任务目标】

- 掌握平面铣削的基本知识；
- 能编制平面零件的加工工艺；
- 会编写平面零件的加工程序；

● 能正确选用并操作机床加工工件。

【知识准备】

一、平面铣削基本知识

在各个方向上都成直线的面称为平面,平面是组成机械零件的基本表面之一,其质量是用平面度和表面粗糙度来衡量的。平面大部分是在铣床上加工的,在铣床上获得平面的方法有两种,即周铣和端铣。以立式数控铣床为例,用分布于铣刀圆柱面上的刀齿进行的铣削称为周铣(即铣削垂直面),如图 4.2(a)所示;用分布于铣刀端面上的刀齿进行的铣削称为端铣,如图 4.2(b)所示。

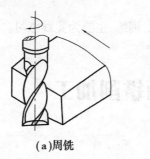 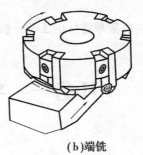

(a)周铣　　　　　　　　　　　　　(b)端铣

图 4.2

(一)铣削方式

1.用圆柱铣刀铣削时的铣削方式

①顺铣[图 4.3(c)]:铣削时,铣刀刀齿切入工件时的切削厚度最大,然后逐渐减小到零(在切削分力的作用下有让刀现象),对表面没有硬皮的工件易于切入,刀齿磨损小,提高刀具耐用度 2~3 倍,工件表面粗糙度也有所提高。顺铣时,切削分力与进给方向相同,可节省机床动力。但顺铣在刀齿切入时承受最大的载荷,因而工件有硬皮时,刀齿会受到很大的冲击和磨损,使刀具的耐用度降低,所以顺铣法不宜加工有硬皮的工件。

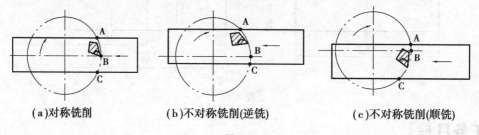

(a)对称铣削　　　　　　(b)不对称铣削(逆铣)　　　　　　(c)不对称铣削(顺铣)

图 4.3

②逆铣[图 4.3(b)]:铣削时,铣刀刀齿切入工件时的切削厚度从零逐渐变到最大(在切削分力的作用下有啃刀现象),刀齿载荷逐渐增大。开始切削时,刀刃先在工件表面上滑过一小段距离,并对工件表面进行挤压和摩擦,引起刀具的径向振动,使加工表面产生

波纹,加速了刀具的磨损,降低工件表面粗糙度。

2.用端铣刀铣削时的铣削方式

①对称铣削:铣削时铣刀中心位于工件铣削宽度中心的铣削方式,如图4.3(a)所示。对称铣削适用于加工短而宽或厚的工件,不宜加工狭长或较薄的工件。

②不对称铣削:铣削时铣刀中心偏离工件铣削宽度中心的铣削方式。不对称铣削时,按铣刀偏向工件的位置,在工件上可分为进刀部分与出刀部分。如图4.3所示AB为进刀部分,BC为出刀部分。按顺铣与逆铣的定义,显然进刀部分为逆铣,出刀部分为顺铣。不对称端铣削时,进刀部分大于出刀部分时,称为逆铣[图4.3(b)],反之称为顺铣[图4.3(c)],不对称端铣通常采用逆铣方式。

(二)铣削刀具

1.端铣刀

在立式数控铣床上铣削平面时一般采用机械夹固式可转位硬质合金刀片式端铣刀,外形如图4.2(b)所示。刀齿等分排列在刀体端面上,刀杆部分很短,刚性好,且硬质合金铣刀适用于高速铣削,铣出的工件表面粗糙度较好,生产率较高。

2.立铣刀

立铣刀利用分布在圆柱表面的主切削刃进行加工,端面的副切削刃不通过中心,起修光作用。立铣刀一般由高速钢或硬质合金制成,对直径较大的硬质合金立铣刀多做成镶刀片式。立铣刀分为直柄和锥柄两种[图4.2(a)],直径较大的立铣刀一般制成锥柄。立铣刀又可分为粗齿、中齿和细齿3种,粗齿立铣刀具有刀齿强度高、容屑空间大、重磨次数多等优点,适用于粗加工;细齿铣刀齿数多、工作平稳,适用于精加工。立铣刀切削刃数一般为3个或4个,主要用于铣削垂直面、台阶面、小平面、凹槽等。

(三)铣削参数

平面铣削编程简单,加工时除保证平面的平面度和粗糙度外,还需注意平行度、垂直度等要求,因此,选择合理的刀具及切削参数显得尤为重要。

根据加工材料及其硬度的不同,应选择合理的切削参数,具体参见表4.1。

表4.1

加工方法	上平面铣削		台阶面铣削	
	粗加工	精加工	粗加工	精加工
选用刀具	ϕ50 mm端铣刀 (5个刀片)		ϕ20 mm粗齿 (三刃立铣刀)	ϕ20 mm细齿 (四刃立铣刀)
主轴转速/($r \cdot min^{-1}$)	500	800	350	400
进给率/($mm \cdot min^{-1}$)	300	160	85	50
刀具长度补偿	H1/T1D1		H2/T2D1	H3/T3D1

二、编程

平面铣削编程较为简单,所用到的主要指令有 G00 和 G01。

三、加工

对如图 4.1 所示的工件进行上平面与台阶面的加工,工件除上表面留有 2 mm 加工余量外,其他 5 个表面的形位尺寸要求均已符合图纸规定,材料为 45 号钢。

(一)加工方案确定

选用机用平口钳装夹工件,校正平口钳固定钳口的平行度,在工件下表面与平口钳之间放入一扁长的平行垫块(能伸出工件侧面,并能安放 Z 轴设定器),利用木锤或紫铜棒敲击工件,使平行垫块不能移动后夹紧工件。利用偏心式寻边器找正工件 X,Y 轴零点(位于工件上表面的中心位置),设定 Z 轴零点与机床坐标系原点重合,刀具长度补偿利用 Z 轴设定器来设定。

根据图纸的形位尺寸及表面粗糙度要求,选择 ϕ50 mm 的可转位硬质合金刀片式端铣刀($K_r = 75°$)粗精加工工件上表面,利用 ϕ20 mm 粗齿、细齿高速钢锥柄立铣刀对台阶面分别进行粗精加工,加工时的切削参数见表 4.1。

精加工余量的确定:图中平面与台阶面的表面粗糙度和尺寸精度要求较高,平面粗加工完成后,需利用厚度千分尺取不同位置测量其厚度,确定精加工余量;台阶面粗加工后,利用深度千分尺测量其深度与宽度,确定精加工余量。

(二)编写加工程序

下面是用华中系统编写的参考程序:

%4411	程序名
N1 G54 G90 G17 G21 G94 G49 G40	建立工件坐标系,绝对编程,XOY 平面,公制编程,分进给,取消刀具长度、半径补偿(在启动程序前,主轴装入 ϕ50 mm 的端铣刀)
N2 M03 S500	主轴正转,转速为 500 r/min
N3 G00 G43 Z150 H1	Z 轴快速定位,调用刀具 1 号长度补偿
N4 X108 Y0	X,Y 轴快速定位
N5 Z0.3	Z 轴进刀,留 0.3 mm 铣削深度余量
N6 G01 X−108 F300	平面铣削,进给率为 300 mm/min
N7 G00 Z150	Z 轴快速退刀
N8 M05	主轴停转
N9 M00	程序暂停(利用厚度千分尺测量厚度,确定实际精加工余量)
N10 M03 S800	主轴正转,转速为 800 r/min(ϕ50 mm 端铣刀精加工)

N11 X108 Y0 M07	X,Y轴快速定位,切削液开
N12 Z0	Z轴进刀
N13 G01 X-108 F160	平面铣削,进给率为160 mm/min
N14 G00 Z150 M09	Z轴快速退刀,切削液关
N15 M05	主轴停转
N16 M00	程序暂停(手动换刀,换上φ20 mm粗齿立铣刀)
N17 M03 S350	主轴正转,转速为350 r/min
N18 G00 G43 Z150 H2	Z轴快速定位,调用刀具2号长度补偿
N19 X-95 Y-25 M07	X,Y轴快速定位,切削液开
N20 Z-19.7	Z轴进刀,留0.3 mm铣削深度余量
N21 G01 X95 F85	第一刀粗加工台阶面(逆铣)
N22 Y-16.2	Y轴定位,台阶面侧面留0.2 mm精加工余量
N23 X-95	第二刀粗加工台阶面(顺铣)
N24 G00 Z150 M09	Z轴快速退刀,切削液关
N25 M05	主轴停转
N26 M00	程序暂停(手动换刀,换上φ20 mm细齿立铣刀)
N27 M03 S400	主轴正转,转速为400 r/min
N28 G00 G43 Z150 H3	Z轴快速定位,调用刀具3号长度补偿
N29 X-95 Y-16 M07	X,Y轴快速定位,切削液开
N30 Z-20	Z轴进刀至精加工深度
N31 G01 X95 F50	精加工台阶面
N32 G00 G49 Z-50	取消刀具长度补偿,Z轴快速定位
N33 M30	程序结束返回起始位置,机床复位(切削液关,主轴停转)

四、零件检测

序号	检测项目	检测要求	配分/分	评分标准	自我评价	小组互评	结果分析
1							
2							
3							
4							
5							
6							
7							
8	安全文明生产	过程监测	10				

续表

发现问题	
解决方案	
教师点评	

【考核评价】

评价内容		自我评价	小组互评	教师评价
技能	刀具安装使用	掌握（　）模仿（　）不会（　）	掌握（　）模仿（　）不会（　）	掌握（　）模仿（　）不会（　）
	机床操作	掌握（　）模仿（　）不会（　）	掌握（　）模仿（　）不会（　）	掌握（　）模仿（　）不会（　）
知识	顺铣与逆铣	应用（　）理解（　）不懂（　）	应用（　）理解（　）不懂（　）	应用（　）理解（　）不懂（　）
	端面铣刀	应用（　）理解（　）不懂（　）	应用（　）理解（　）不懂（　）	应用（　）理解（　）不懂（　）
	加工工艺	应用（　）理解（　）不懂（　）	应用（　）理解（　）不懂（　）	应用（　）理解（　）不懂（　）
简单评语				

【巩固提高】

1.如何选择顺铣与逆铣?

2.根据图 4.4 编写加工程序,并加工出合格零件。

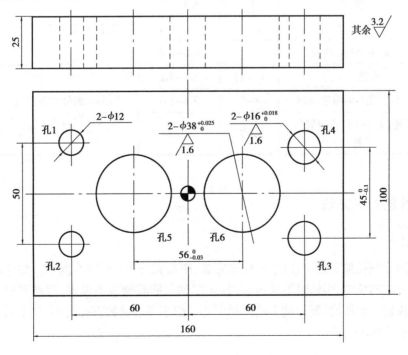

图 4.4

任务二 孔系零件加工

【工作任务】

- 用数控铣床或加工中心加工如图 4.5 所示的零件。

图 4.5

【任务目标】

- 掌握孔类零件加工的基本知识；
- 能编制孔类零件的加工工艺；
- 会用孔加工指令编写加工程序；
- 能正确选用并操作机床加工工件。

【知识准备】

孔加工在金属切削中占有很大的比重,应用广泛。在数控铣床上加工孔的方法很多,根据孔的尺寸精度、位置精度及表面粗糙度等要求,一般有点孔、钻孔、扩孔、锪孔、铰孔、镗孔及铣孔等。生产实践证明,根据孔的技术要求必须合理地选择加工方法和加工步骤,现将孔的加工方法和一般所能达到的精度等级、粗糙度以及合理的加工顺序加以归纳,见表 4.2。

表 4.2

序号	加工方案	精度等级	表面粗糙度 Ra	适用范围
1	钻	11~13	50~12.5	加工未淬火钢及铸铁的实心毛坯,也可用于加工有色金属(但粗糙度较差),孔径<15~20 mm
2	钻-铰	9	3.2~1.6	
3	钻-粗铰-精铰	7~8	1.6~0.8	
4	钻-扩	11	6.3~3.2	同上,孔径>15~20 mm
5	钻-扩-铰	8~9	1.6~0.8	
6	钻-扩-粗铰-精铰	7	0.8~0.4	
7	粗镗(扩孔)	11~13	6.3~3.2	除淬火钢外的各种材料,毛坯有铸出孔或锻出孔
8	粗镗(扩孔)-半精镗(精扩)	8~9	3.2~1.6	
9	粗镗(扩)-半精镗(精扩)-精镗	6~7	1.6~0.8	

一、孔的加工方法

1.点孔

点孔用于钻孔加工之前,由中心钻来完成,中心钻外形如图 4.6 所示。由于麻花钻的横刃具有一定的长度,引钻时不易定心,加工时钻头旋转轴线不稳定,因此利用中心钻在平面上先预钻一个凹坑,便于钻头钻入时定心。由于中心钻的直径较小,加工时主轴转速应不得低于 1 000 r/min。

2.钻孔

钻孔是用钻头在工件实体材料上加工孔的方法。麻花钻是钻孔最常用的刀具,一般用高速钢制造,外形如图4.7所示。钻孔精度一般可达到IT10~IT11级,表面粗糙度 Ra 为50~12.5 μm,钻孔直径范围为0.1~100 mm,钻孔深度变化范围也很大,广泛应用于孔的粗加工,也可作为不重要孔的最终加工。

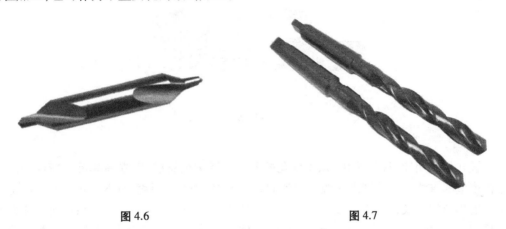

图4.6　　　　　　　　　　　　　　　图4.7

3.扩孔

扩孔是用扩孔钻(图4.8)对工件上已有的孔进行扩大的加工,扩孔钻有3~4个主切削刃,没有横刃,它的刚性及导向性好。扩孔加工精度一般可达到IT9~IT10级,表面粗糙度 Ra 为6.3~3.2 μm。扩孔常用于已铸出、锻出或钻出孔的扩大,可作为要求不高孔的最终加工或铰孔、磨孔前的预加工。常用于直径为10~100 mm范围内的孔加工。一般工件的扩孔使用麻花钻,对精度要求较高或生产批量较大时应用扩孔钻,扩孔加工余量为0.4~0.5 mm。

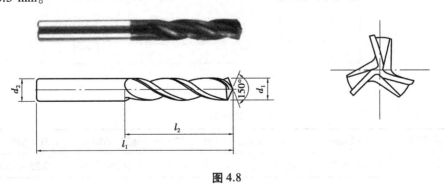

图4.8

4.锪孔

锪孔是指用锪钻或锪刀刮平孔的端面或切出沉孔的加工方法,通常用于加工沉头螺钉的沉头孔、锥孔、小凸台面等,图4.9为加工锥孔的锥度锪钻,锪孔时切削速度不宜过高,以免产生径向振纹或出现多棱形等质量问题。

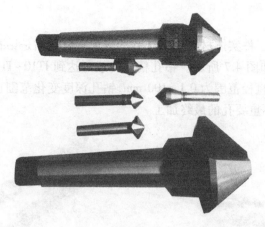

图4.9

5.铰孔

铰孔是利用铰刀(图4.10)从工件孔壁上切除微量金属层,以提高其尺寸精度和表面粗糙度值的方法。铰孔精度等级可达到IT7~IT8级,表面粗糙度 Ra 为 1.6~0.8 μm,适用于孔的半精加工及精加工。铰刀是定尺寸刀具,有 6~12 个切削刃,刚性和导向性比扩孔钻更好,适合加工中小直径孔。铰孔之前,工件应经过钻孔、扩孔等加工,铰孔的加工余量参考表4.3。

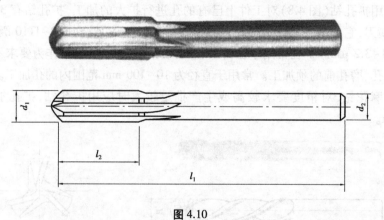

图4.10

表4.3

孔的直径	<φ8 mm	φ8~φ20 mm	φ21~φ32 mm	φ33~φ50 mm	φ51~φ70 mm
铰孔余量/mm	0.1~0.2	0.15~0.25	0.2~0.3	0.25~0.35	0.25~0.35

6.镗孔

镗孔是利用镗刀对工件上已有尺寸较大孔的加工,特别适合于加工分布在同一或不同表面上的孔距和位置精度要求较高的孔系。镗孔加工精度等级可达到 IT7 级,表面粗糙度 Ra 为 1.6~0.8 μm,应用于高精度加工场合。镗孔时,要求镗刀和镗杆必须具有足够的刚性;镗刀夹紧牢固,装卸和调整方便;具有可靠的断屑和排屑措施,确保切屑顺利折断和排出,精镗孔的余量一般单边小于 0.4 mm。镗刀的种类很多,图 4.11 为单刃镗刀结构示意图,图 4.12 为微调镗刀结构示意图。

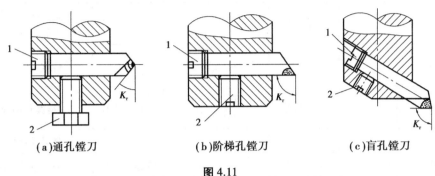

(a)通孔镗刀　　　　　　(b)阶梯孔镗刀　　　　　　(c)盲孔镗刀

图 4.11

1—调节螺钉;2—紧固螺钉

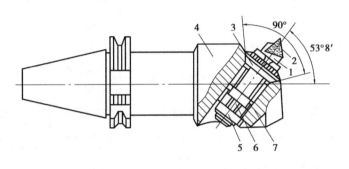

图 4.12

1—刀体;2—刀片;3—调整螺母;4—刀杆;

5—螺母;6—拉紧螺钉;7—导向键

7.铣孔

在加工单件产品或模具上某些孔径不常出现的孔时,为节约定型刀具成本,利用铣刀进行铣削加工。铣孔也适合加工尺寸较大的孔,对高精度机床,铣孔可以代替铰削或镗削。

二、固定循环指令

立式数控铣床及加工中心编制孔加工程序应采用固定循环指令,固定循环是数控系统为简化编程工作,将一系列典型的加工动作预先编好程序,存储在内存中。固定循环包括钻孔、镗孔、攻螺纹等指令,固定循环指令及其功能见表 4.4。

固定循环通常由 6 个基本动作构成,如图 4.13 所示。

动作 1:X,Y 轴快速定位至孔的加工位置。

表 4.4

指　　令			孔加工动作（-Z 方向）	孔底的动作	退刀动作（+Z 方向）	用　　途
华中	FANUC	SIEMENS				
G73			间歇进给		快速（G00）	高速深孔往复排屑钻孔循环
G74			切削进给	暂停→主轴正转	切削进给（G01）	反转攻左螺纹循环
G76			切削进给	主轴定向停止→刀具移位	快速（G00）	精镗孔循环
G80						取消固定循环
G81	CYCLE81		切削进给		快速（G00）	点孔、钻孔循环
G82	CYCLE82		切削进给	进给暂停数秒	快速（G00）	锪孔、镗阶梯孔循环
G83	CYCLE83		间歇进给		快速（G00）	深孔往复排屑钻孔循环
G84	CYCLE84		切削进给	暂停→主轴反转	切削进给（G01）	正转攻右螺纹循环
	CYCLE840		切削进给			
G85	CYCLE85		切削进给	主轴正转	切削进给（G01）	精镗孔循环
G86	CYCLE86		切削进给	主轴停止	快速（G00）	镗孔循环
G87	CYCLE87		切削进给	主轴正转	快速（G00）	反镗孔循环
G88	CYCLE88		切削进给	进给暂停→主轴停转	手动进给	镗孔循环
G89	CYCLE89		切削进给	进给暂停数秒	切削进给（G01）	镗孔循环

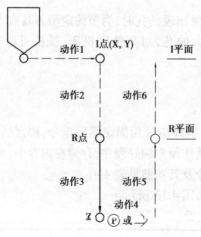

固定循环动作图形符号说明

图形符号	动作含义
⟶	切削进给
⇢	快速移动
⟹	刀具偏移
∿	手动操作
Ⓟ	孔底暂停
OSS	主轴定向停止
R	Z向R点平面
Q, d	设置的参数
Z	Z向孔底平面
I	初始点
∨　∪	刀具

图 4.13

动作2:定位至R点,刀具从Z轴初始点(I)平面快速进给至点R平面,在多孔加工时,为了刀具移动的安全,应注意点R平面Z值的选取。

动作3:孔加工,以切削进给方式执行孔加工的动作。

动作4:在孔底的动作,包括进给暂停、主轴定向停止、刀具移位等动作。

动作5:以一定的方式返回R平面。

动作6:快速返回到初始点I平面。

孔加工循环指令的格式及运用如下:

1.固定循环格式

G90/G91　G98/G99　G73~G89 X　Y　Z　R　Q　P　I　J　K　F　L

各指令及字母表示的意义如下:

①G90/G91 为绝对/增量方式,固定循环指令中地址 X,Y,Z 及 R 的数据指定与其有关。在采用绝对方式时,X,Y 表示孔的位置坐标,Z,R 统一取终点坐标值;在采用增量方式时,X,Y 表示孔位相对当前点的相对坐标,Z 是指孔底坐标相对 R 点的相对坐标,R 是指 R 点相对初始点的相对坐标,如图 4.14 所示。

②G98/G99 表示孔切削进给结束后,刀具返回时到达的平面。G98 指令返回初始平面,G99 指令返回 R 点平面,如图 4.15 所示。

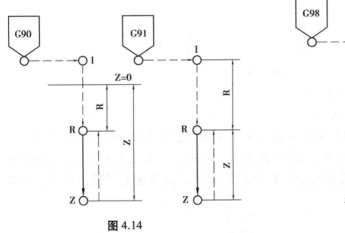

图 4.14

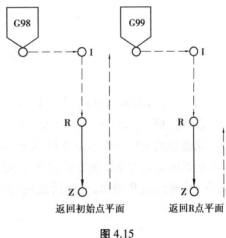

图 4.15

③G73~G89 为固定循环指令,规定孔加工方式,加工时根据具体要求从表 4.4 中选择。

④Q:表示每次加工的深度,Q 值始终是增量值,用负值表示(在 G73 与 G83 指令中使用)。

⑤P:刀具在孔底的暂停时间,单位为秒(s)。

⑥I/J:刀具在轴反向位移增量(G76/G87)。

⑦K:每次退刀距离,为正值,一般在 2 mm 左右。

⑧F:切削进给速度,也可表示螺纹导程(G74/G84)。

⑨L:固定循环的次数。

固定循环指令是模态指令,一旦指定就一直有效,直到用 G80 指令取消固定循环指令为止。因此,只要在开始时用了这些指令,在后面连续的加工中不必重新指定。若某孔加工数据发生了变化,仅修改变化了的数据即可。此外,G00,G01,G02,G03 指令也起取消固定循环指令的作用。

2.常用固定循环指令说明

(1)点孔、钻孔固定循环 G81

程序段格式:G98/G99 G81 X Y Z R F L

该指令的具体动作如图 4.16 所示,沿着 X 轴和 Y 轴快速定位后,快速移动到 R 点,从 R 点至 Z 点执行钻孔切削进给加工,最后刀具快速退回至初始平面或 R 平面。

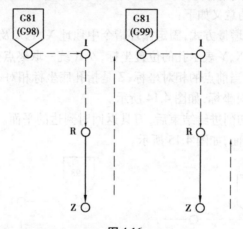

图 4.16

(2)深孔往复排屑钻循环 G83

程序段格式:G98/G99 G83 X Y Z R Q P K F L

该指令的具体动作如图 4.17 所示,沿着 X 轴和 Y 轴快速定位后,快速移动到 R 点,从 R 点起切削进给 Q 深,快速退回 R 平面,快速进给至第一次 Q 深度上 K 点,切削进给至 2Q 深,快速退回 R 平面,一直反复执行至 Z 点深度,最后刀具快速退回至初始平面或 R 平面。

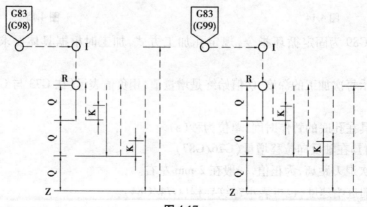

图 4.17

（3）正转攻右螺纹循环 G84

程序段格式：G98/G99 G84 X Y Z R F L

该指令的具体动作如图 4.18 所示，沿着 X 轴和 Y 轴快速定位后，快速移动到 R 点，从 R 点至 Z 点进行攻丝加工，主轴反转并返回到 R 点平面或初始平面，主轴正转。程序中的 F 表示螺纹导程，其进给速度是根据主轴转速和螺纹导程自动计算，因此，攻丝时进给倍率、进给保持均不起作用，直至完成该固定循环后才停止进给。

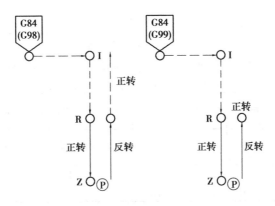

图 4.18

（4）精镗孔循环 G85

程序段格式：G98/G99 G85 X Y Z R F L

该指令的具体动作如图 4.19 所示，沿着 X 轴和 Y 轴快速定位后，快速移动到 R 点，从 R 点至 Z 点进行镗孔加工，到达孔底后以切削进给时的速度返回到 R 点平面或初始平面。

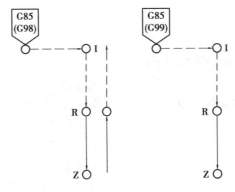

图 4.19

三、加工方案确定

工件选用机用平口钳装夹，校正平口钳固定钳口与工作台 X 轴方向平行，将 160×25 侧面贴近固定钳口后压紧，并校正工件上表面的平行度。根据图示各孔尺寸精度及表面粗糙度要求，加工方法与刀具选择见表 4.5，各刀具切削参数及长度补偿见表 4.6。

表 4.5

加工内容	加工方法	选用刀具/mm
孔 1、孔 2	点孔—钻孔—扩孔	ϕ3 中心钻,ϕ10 麻花钻,ϕ12 麻花钻
孔 3、孔 4	点孔—钻孔—扩孔—铰孔	ϕ3 中心钻,ϕ10 麻花钻,ϕ15.8 麻花钻,ϕ16 机用铰刀
孔 5、孔 6	钻孔—扩孔—粗镗—精镗加工	ϕ20、ϕ35 麻花钻,ϕ37.5 粗镗刀,ϕ38 精镗刀

表 4.6

参 数	刀 具								
	ϕ3 中心钻	ϕ10 麻花钻	ϕ20 麻花钻	ϕ35 麻花钻	ϕ12 麻花钻	ϕ15.8 麻花钻	ϕ16 机用铰刀	ϕ37.5 粗镗刀	ϕ38 精镗刀
主轴转速 /(r · min^{-1})	1 200	650	350	150	550	400	250	850	1 000
进给率 /(mm · min^{-1})	120	100	40	20	80	50	30	80	40
刀具长度补偿	H1/ T1D1	H2/ T2D1	H3/ T3D1	H4/ T4D1	H5/ T5D1	H6/ T6D1	H7/ T7D1	H8/ T8D1	H9/ T9D1

利用偏心式寻边器找正工件 X 轴和 Y 轴零点(位于工件上表面的中心位置),设定 Z 轴零点与机床坐标系原点重合。立式数控铣床无刀库,在使用多把刀具加工时,须进行手动换刀,程序中应使用刀具长度补偿功能,刀具长度补偿利用 Z 轴设定器来设定。工件上表面为执行刀具长度补偿后的 Z 轴零点表面。

四、程序编写

华中系统参考程序及程序说明如下:

%4211	程序名
N1 G54 G90 G17 G21 G94 G49 G40	建立工件坐标系,绝对编程,XOY 平面,公制编程,分进给,取消刀具长度、半径补偿(在启动程序前,主轴上装入 ϕ3 mm 中心钻)
N2 M11	主轴选用高速挡(500~4 000 r/min)
N3 M03 S1200	主轴正转,转速为 1 200 r/min
N4 G00 G43 Z150 H1	Z 轴快速定位,调用刀具 1 号长度补偿
N5 X0 Y0	X,Y 轴快速定位
N6 G81 G99 X-60 Y25 Z-2 R2 F120	点孔加工孔 1,进给率为 120 mm/min
N7 Y-25	点孔加工孔 2
N8 X60 Y-22.5	点孔加工孔 3
N9 Y22.5	点孔加工孔 4

N10 G00 Z150	取消固定循环,Z轴快速定位
N11 M05	主轴停转
N12 M00	程序暂停(手动换刀,换上 ϕ10 mm 麻花钻)
N13 M03 S650	主轴正转,转速为 650 r/min
N14 G43 G00 Z100 H2 M07	Z轴快速定位,调用刀具2号长度补偿,切削液开
N15 X0 Y0	X,Y轴快速定位
N16 G83 G99 X-60 Y25 Z-30 R2 Q-5 K1 F100	钻孔加工孔1,进给率为 100 mm/min
N17 Y-25	钻孔加工孔2
N18 X60 Y-22.5	钻孔加工孔3
N19 Y22.5	钻孔加工孔4
N20 G00 Z150 M09	取消固定循环,Z轴快速定位,切削液关
N21 M05	主轴停转
N22 M00	程序暂停(手动换刀,换上 ϕ20 麻花钻)
N23 M13	主轴选用低速挡(100~800 r/min)
N24 M03 S350	主轴正转,转速为 350 r/min
N25 G43 G00 Z100 H3 M07	Z轴快速定位,调用刀具3号长度补偿,切削液开
N26 X0 Y0	X,Y轴快速定位
N27 G83 G99 X-28 Y0 Z-35 R2 Q-5 K1 F40	钻孔加工孔5,进给率为 40 mm/min
N28 X28	钻孔加工孔6
N29 G00 Z150 M09	取消固定循环,Z轴快速定位,切削液关
N30 M05	主轴停转
N31 M00	程序暂停(手动换刀,换上 ϕ35 麻花钻)
N32 M03 S150	主轴正转,转速为 150 r/min
N33 G43 G00 Z100 H4 M07	Z轴快速定位,调用刀具4号长度补偿,切削液开
N34 X0 Y0	X,Y轴快速定位
N35 G83 G99 X-28 Y0 Z-42 R2 Q-5 K1 F20	扩孔加工孔5,进给率 20 mm/min
N36 X28	扩孔加工孔6
N37 G00 Z150 M09	取消固定循环,Z轴快速定位,切削液关
N38 M05	主轴停转
N39 M00	程序暂停(手动换刀,换上 ϕ12 麻花钻)
N40 M03 S550	主轴正转,转速为 550 r/min
N41 G43 G00 Z100 H5 M07	Z轴快速定位,调用刀具5号长度补偿,切削液开
N42 X0 Y0	X,Y轴快速定位

N43 G83 G99 X-60 Y25 Z-31 R2 Q-5 K1 F80　　扩孔加工孔 1,进给率为 80 mm/min

N44 Y-25　　扩孔加工孔 2

N45 G00 Z150 M09　　取消固定循环,Z 轴快速定位,切削液关

N46 M05　　主轴停转

N47 M00　　程序暂停(手动换刀,换上 φ15.8 麻花钻)

N48 M03 S400　　主轴正转,转速为 400 r/min

N49 G43 G00 Z100 H6 M07　　Z 轴快速定位,调用刀具 6 号长度补偿,切削液开

N50 X0 Y0　　X,Y 轴快速定位

N51 G83 G99 X60 Y-2.25 Z-33 R2 Q-5 K1 F50　　扩孔加工孔 3,进给率为 50 mm/min

N52 Y22.5　　扩孔加工孔 4

N53 G00 Z150 M09　　取消固定循环,Z 轴快速定位,切削液关

N54 M05　　主轴停转

N55 M00　　程序暂停(手动换刀,换上 φ16 机用铰刀)

N56 M03 S250　　主轴正转,转速为 250 r/min

N57 G43 G00 Z100 H7 M07　　Z 轴快速定位,调用刀具 7 号长度补偿,切削液开

N58 X0 Y0　　X,Y 轴快速定位

N59 G85 G99 X60 Y-22.5 Z-30 R2 F30　　铰孔加工孔 3,进给率为 30 mm/min

N60 Y22.5　　铰孔加工孔 4

N61 G00 Z150 M09　　取消固定循环,Z 轴快速定位,切削液关

N62 M05　　主轴停转

N63 M00　　程序暂停(手动换刀,换上 φ37.5 粗镗刀)

N64 M11　　主轴选用高速挡(500~4 000 r/min)

N65 M03 S850　　主轴正转,转速为 850 r/min

N66 G43 G00 Z100 H8 M07　　Z 轴快速定位,调用刀具 8 号长度补偿,切削液开

N67 X0 Y0　　X,Y 轴快速定位

N68 G85 G99 X-28 Y0 Z-26 R2 F80　　粗镗加工孔 5,进给率为 80 mm/min

N69 X28　　粗镗加工孔 6

N70 G00 Z150 M09　　取消固定循环,Z 轴快速定位,切削液关

N71 M05　　主轴停转

N72 M00　　程序暂停(手动换刀,换上 φ38 精镗刀)

N73 M03 S1000　　主轴正转,转速为 1 000 r/min

N74 G43 G00 Z100 H9 M07　　Z 轴快速定位,调用刀具 9 号长度补偿,切削液开

N75 X0 Y0	X,Y 轴快速定位
N76 G85 G99 X-28 Y0 Z-26 R2 F40	精镗加工孔 5,进给率为 40 mm/min
N77 X28	精镗加工孔 6
N78 G00 G49 Z-50	取消固定循环,取消刀具长度补偿,Z 轴快速定位
N79 M30	程序结束回起始位置,机床复位(切削液关,主轴停转)

五、注意事项

①工件的装夹:工件应尽量装夹在机用平口钳的中间位置,工件上表面高于钳口 5 mm 左右,选用的等高垫铁的宽度不大于 15 mm。

②测量方法的正确性:孔 1、孔 2 的直径 $\phi12$ 使用游标卡尺直接测量;孔 3、孔 4 的直径 $\phi16^{+0.018}_{0}$ 使用 5~30 mm 内测千分尺进行测量;孔 5、孔 6 的直径 $\phi38^{+0.025}_{0}$ 使用 35~50 的内径百分表进行测量;孔距尺寸 50、60(两处)使用游标卡尺间接测量得到;孔距 $45^{0}_{-0.1}$ 利用中心距游标卡尺间接测量得到;孔距 $56^{0}_{-0.03}$ 使用专用卡规测量。

③注意应 Z 轴和 Y 轴方向走刀。

六、零件检测

序号	检测项目	检测要求	配分/分	评分标准	自我评价	小组互评	结果分析
1							
2							
3							
4							
5							
6							
7							
8	安全文明生产	过程监测	10				
发现问题							
解决方案							
教师点评							

【考核评价】

评价内容		自我评价	小组互评	教师评价
技能	会刃磨钻头	掌握（　）模仿（　） 不会（　）	掌握（　）模仿（　） 不会（　）	掌握（　）模仿（　） 不会（　）
	能操作机床	掌握（　）模仿（　） 不会（　）	掌握（　）模仿（　） 不会（　）	掌握（　）模仿（　） 不会（　）
知识	孔加工的方法	应用（　）理解（　） 不懂（　）	应用（　）理解（　） 不懂（　）	应用（　）理解（　） 不懂（　）
	钻孔指令的格式与运用	应用（　）理解（　） 不懂（　）	应用（　）理解（　） 不懂（　）	应用（　）理解（　） 不懂（　）
简单评语				

【巩固提高】

1.根据图 4.20 完成钻孔加工的程序。

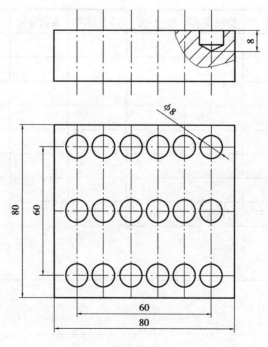

图 4.20

2.如图 4.21 所示,用重复固定循环方式加工。

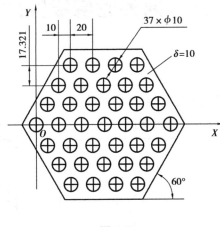

图 4.21

【知识拓展】

在数控加工的整个过程中,经常会产生以下几种误差:

1.近似计算误差

近似计算误差主要产生在加工列表曲线、曲面轮廓时,采用近似计算法所发生的逼近误差。

2.插补误差

插补误差是由于用直线段或圆弧段逼近零件轮廓曲线所产生的误差。减少插补误差的方法是密化插补点,但这会增加程序段数目,增加计算和编程的工作量。

3.尺寸圆整误差

尺寸圆整误差是将计算尺寸换算成机床的脉冲当量时由于圆整化所产生的误差。数控机床能反映出的最小位移量是一个脉冲当量,小于一个脉冲当量的数据只能四舍五入,于是就产生了误差。

4.操作误差

在加工过程中,操作者在操作过程中,工件安装引起的误差和寻找工件坐标原点过程中容易引起误差。首先安装过程中,可能会产生工件面与定位面之间靠不紧的问题。其解决办法是在安装过程中 4 个压板要同时压紧,不能其中某个压紧。先让 4 个螺栓稍微拧一下但是不要彻底拧紧,并且用尼龙棒或木棒在工件上轻轻敲打,使工件底面与定位面之间靠实,并且拧紧顺序为对角拧紧。

寻找坐标原点的过程中,使用的设备精度不同,会带来不同的误差。其解决办法是使用精度高的仪器,如千分表、寻边器等。

任务三 内外轮廓零件加工

【工作任务】

- 用数控铣床或加工中心加工图 4.22 所示的零件。

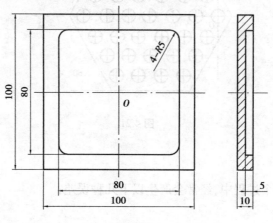

图 4.22

【任务目标】

- 掌握内外轮廓零件加工的基本知识;
- 能编制内外轮廓零件的加工工艺;
- 会用相关指令编写加工程序;
- 能正确选用并操作机床加工工件。

【知识准备】

一、铣削外轮廓的进给路线

1.铣削平面零件外轮廓时

一般采用立铣刀侧刃切削。刀具切入工件时应沿切削起始点的延伸线逐渐切入工件,保证零件曲线的平滑过渡。在切离工件时,也要沿着切削终点延伸线逐渐切离工件,如图 4.23 所示。

2.当用圆弧插补方式铣削外整圆时

如图 4.24 所示,要安排刀具从切向进入圆周铣削加工,当整圆加工完毕后,不要在切点处直接退刀,而应让刀具沿切线方向多运动一段距离,以免取消刀补时,刀具与工件表面相碰,造成工件报废。

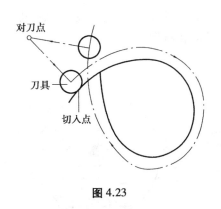

图 4.23

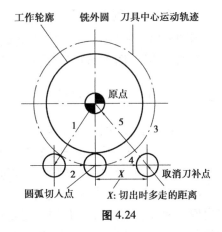

图 4.24

二、铣削内轮廓的进给路线

1.铣削封闭的内轮廓表面

若内轮廓曲线不允许外延[图 4.25(a)],刀具只能沿内轮廓曲线的法向切入、切出,此时刀具的切入、切出点应尽量选在内轮廓曲线两几何元素的交点处。当内部几何元素相切无交点时[图 4.25(b)],为防止刀补取消时在轮廓拐角处留下凹口,刀具切入、切出点应远离拐角。

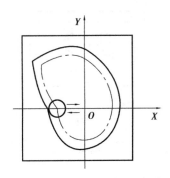

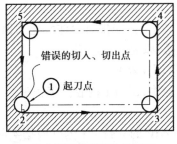

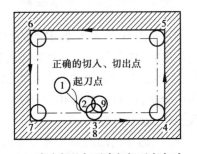

(a)若内轮廓曲线不允许外延　　(b)当内部几何元素相切无交点时

图 4.25

2.用圆弧插补铣削内圆弧

当用圆弧插补铣削内圆弧时也要遵循从切向切入、切出的原则,最好安排从圆弧过渡到圆弧的加工路线(图 4.26)提高内孔表面的加工精度和质量。

三、铣削内槽的进给路线

内槽是指以封闭曲线为边界的平底凹槽。一律用平底立铣刀加工,刀具圆角半径应符合内槽的图纸要求。图 4.27 为加工内槽的 3 种进给路线。图 4.27(a)和图 4.27(b)分别为用行切法和环切法加工内槽。两种进给路线的共同点是都能切净内腔中的全部面积,不留死角,不伤轮廓,同时尽量减少重复进给的搭接量。不同点是行切法的进给路线比环切法短,但行切法将在每两次进给的起点与终点间留下残留面积,而达不到所要求的表面粗糙度;用环切法获得的表面粗糙度要好于行切法,但

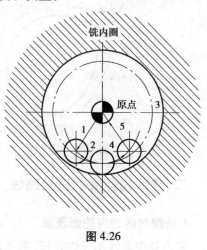

图 4.26

环切法需要逐次向外扩展轮廓线,刀位点计算稍复杂一些。采用图 4.27(c)所示的进给路线,即先用行切法切去中间部分余量,最后用环切法环切一刀光整轮廓表面,既能使总的进给路线较短,又能获得较好的表面粗糙度。

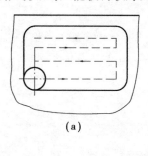
(a)

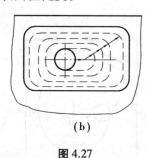
(b)

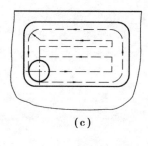
(c)

图 4.27

四、工艺分析与精加工程序编制

在手工编程中遇到内、外轮廓零件的加工,在工艺安排时要注意走刀路线的安排,尤其在加工内轮廓时,特别要注意刀补路线的安排,以免造成过切。

①以 O 点为编程原点,内腔节点计算如下(图 4.28)。

②从图中分析,可先精加工 100×100 的外轮廓,再加工内腔。编程时要注意刀具半径补偿的路线安排,如图 4.29 所示。

③图 4.22 中,最小内凹圆弧为 $R5$,可选用 $\phi10$ 的立铣刀(也可根据实际加工场地条件选用小于 $\phi10$ 的立铣刀),根据刀具的大小与机床的自身情况(如 KV650 铣床),可选用转速为 1 200 r/min。精加工程序如下:

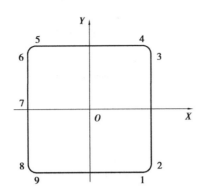

	1: (35, −40)
	2: (40, −35)
	3: (40, 35)
	4: (35, 40)
	5: (−35, 40)
	6: (−40, 35)
	7: (−40, 0)
	8: (−40, −35)
	9: (−35, −40)

图 4.28

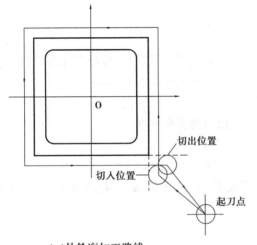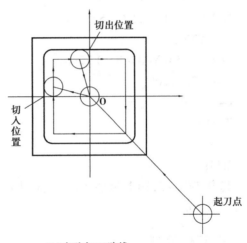

（a）外轮廓加工路线　　　　　　　　（b）内腔加工路线

图 4.29

O0001；	程序名
G80 G90 G17 G49 G40；	程序保护头
G43 G00 Z200.0 H01；	建立刀具长度正补偿
M03 S1200；	主轴正转,转速为 1 200 r/min
G54 X100.0 Y−100.0；	建立工件坐标系,并移动到(100,−100)处
Z10.0；	快速移动到工件上表面 10 mm 处
G01 Z−10.0 F300；	下刀
G42 X50.0 Y−60.0 D01 F500；	刀具半径右补偿
Y50.0 F200；	
X−50.0；	
Y−50.0；	外轮廓切削
X60.0；	
G40 G00 X100.0 Y−100.0；	取消刀具半径补偿

```
Z10.0;                                    抬刀
X0.0 Y0.0;                                快移到下刀位置
G01 Z-5.0 F150;                           下刀
G42 X-40.0 Y0.0 D01 F200;                 刀具半径右补偿
X-40.0 Y35.0;                         ⎫
G02 X-35.0 Y40.0 R5.0 F200;          ⎪
G01 X35.0 F200;                      ⎪
G02 X40.0 Y35.0 R5.0 F200;           ⎪
G01 Y-35.0 F200;                     ⎬   内腔加工
G02 X35.0 Y-40.0 R5.0 F200;          ⎪
G01 X-35.0 F200;                     ⎪
G02 X-40.0 Y-35.0 R5.0 F200;         ⎭
G01 Y35.0 F200;
G02 X-35.0 Y40.0 R5.0 F200;          ⎫   为避免切入、切出刀痕与刀补造成的
G01 X0.0 F200;                       ⎭   为切削现象而安排的辅助刀路
G40 Y0.0;                                取消刀具半径补偿
Z200.0;                                  抬刀到安全高度
M05;                                     主轴停止
M30;                                     程序结束并复位
```

其中,D01 = 5;H01 为加工时 Z 向对刀所得值;G54 坐标设定中:X = -500.0,Y = -415.0,Z=0.0。

五、零件检测

序号	检测项目	检测要求	配分/分	评分标准	自我评价	小组互评	结果分析
1							
2							
3							
4							
5							
6							
7							
8	安全文明生产	过程监测	10				
发现问题							

续表

解决方案	
教师点评	

【考核评价】

评价内容		自我评价	小组互评	教师评价
技能	会刃磨钻头	掌握（　　）模仿（　　）不会（　　）	掌握（　　）模仿（　　）不会（　　）	掌握（　　）模仿（　　）不会（　　）
	能操作机床	掌握（　　）模仿（　　）不会（　　）	掌握（　　）模仿（　　）不会（　　）	掌握（　　）模仿（　　）不会（　　）
知识	孔加工的方法	应用（　　）理解（　　）不懂（　　）	应用（　　）理解（　　）不懂（　　）	应用（　　）理解（　　）不懂（　　）
	钻孔指令的格式与运用	应用（　　）理解（　　）不懂（　　）	应用（　　）理解（　　）不懂（　　）	应用（　　）理解（　　）不懂（　　）
简单评语				

【巩固提高】

1.内外轮廓的走刀路线应怎样安排？

2.编写如图 4.30 所示的平面凸轮零件的数控加工程序。

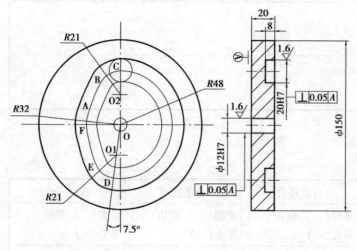

A(−29.223 9, 13.037 0)
B(−19.178 2, 35.555 6)
C(0, 48)
D(−6.265 3, −47.589 4)
E(−23.655 0, −32.748 1)
F(−30.675 5, −9.111 0)

图 4.30

项目五　数控铣自动编程加工

【项目导读】

　　本项目主要介绍如何使用 CAXA 制造工程师软件进行自动编程,并通过 DNC 通信传输到机床进行零件加工的过程,主要包括 CAXA 制造工程师软件的应用,DNC 通信连接与数据传输和典型零件的加工。

任务一　CAXA 制造工程师软件的应用

【工作任务】

　　• 了解 CAXA 制造工程师软件的相关知识并掌握 CAXA 制造工程师软件的基本功能与用法。

【任务目标】

　　• 了解 CAXA 制造工程师软件;
　　• 熟悉 CAXA 制造工程师软件的基本功能与用法。

【知识准备】

一、CAXA 制造工程师软件介绍

(一)数控编程系统

　　数控加工机床与编程技术两者的发展是紧密相关的。数控加工机床的性能提升推动了编程技术的发展,而编程手段的提高也促进了数控加工机床的发展,二者相互依赖。现代数控技术正在向高精度、高效率、高柔性和智能化方向发展,而编程方式也越来越丰富。

　　数控编程可分为机内编程和机外编程。机内编程指利用数控机床本身提供的交互功

能进行编程。机外编程则是脱离数控机床本身在其他设备上进行编程。机内编程的方式随机床的不同而有所差异,可以手工方式逐行输入控制代码(手工编程)、交互方式输入控制代码(会话编程)、图形方式输入控制代码(图形编程),甚至可以语音方式输入控制代码(语言编程)或通过高级语言方式输入控制代码(高级语言编程)。但机内编程一般来说只适用于简单形体,而且效率较低。机外编程也可以分成手工编程、计算机辅助 APT编程和 CAD/CAM 编程等方式。机外编程由于其可以脱离数控机床进行数控编程,相对机内编程来说效率较高,是普遍采用的方式。随着编程技术的发展,机外编程处理能力不断加强,已可以进行复杂形体的灵敏控加工编程。

在 20 世纪 50 年代中期,MIT 伺服机构实验室实现了自动编程,并公布了研究成果,即 APT 系统。20 世纪 60 年代初,APT 系统得到发展,可以解决三维物体的连续加工编程,经过以后不断的发展,具有了雕塑曲面的编程功能。APT 系统所用的基本概念和基本思想,对自动编程技术的发展具有深远的意义,即使目前,大多数自动编程系统也在沿用其中的一些模式。例如,编程中的 3 个控制面:零件面(PS)、导动面(DS)、检查面(CS)的概念;刀具与检查面的 ON,TO,PAST 关系等。

随着微电子技术和 CAD 技术的发展,自动编程系统也逐渐过渡到以图形交互为基础的、与 CAD 集成的 CAD/CAM 系统为主的编程方法。与以前的语言型自动编程系统相比,CAD/CAM 集成系统可以提供单一准确的产品几何模型,几何模型的产生和处理手段灵活、多样、方便,可以实现设计、制造一体化。

数控编程的方式多种多样,目前占主导地位的是采用 CAD/CAM 数控编程系统进行编程。

(二)CAD/CAM 系统

20 世纪 90 年代以前,市场销售的 CAD/CAM 软件基本上为国外的软件系统。90 年代以后,国内在 CAD/CAM 技术研究和软件开发方面进行了卓有成效的工作,尤其是在以PC 机动性平台的软件系统。其功能已能与国外同类软件相当,并在操作性、本地化服务方面具有优势。

一个好的数控编程系统,已经不仅仅是绘图、做轨迹、出加工代码。它还是一种先进的加工工艺的综合,更是先进加工经验的记录、继承和发展。

北京北航海尔软件有限公司经过多年的不懈努力,推出了 CAXA 制造工程师数控编程系统。这套系统集 CAD、CAM 于一体,功能强大、易学易用、工艺性好、代码质量高,现已在全国上千家企业中使用,并受到好评,不仅降低了投入成本,而且提高了经济效益。CAXA 制造工程师数编程系统,现正在一个更高的起点上腾飞。

二、CAXA 制造工程师软件基本功能及用法介绍

利用 CAXA 制造工程师软件 CAD/CAM 系统进行自动编程的基本步骤,如图 5.1所示。

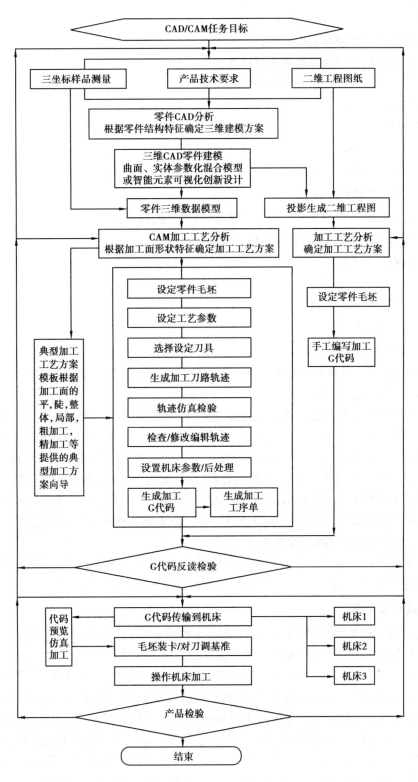

图 5.1

CAM 系统的编程基本步骤如下：

①理解二维图纸或其他模型数据；

②建立加工模型或通过数据接口读入；

③确定加工工艺(装夹、刀具等)；

④生成刀具轨迹；

⑤加工仿真；

⑥产生后置代码；

⑦输出加工代码。

1.加工工艺的确定

加工工艺的确定目前主要依靠人工进行，其主要内容有：

①核准加工零件的尺寸、公差和精度要求；

②确定装卡位置；

③选择刀具；

④确定加工路径；

⑤选定加工参数。

2.加工模型建立

利用 CAM 系统提供的图形生成和编辑功能将零件的被加工部位绘制出来，作为计算机自动生成刀具轨迹的依据。

加工模型的建立是通过人机交互方式进行的。被加工零件一般用工程图的形式表达在图纸上，用户可根据图纸建立三维加工模型。针对这种需求，CAM 系统应提供强大几何建模功能，不仅应能生成常用的直线和圆弧，还应提供复杂的样条曲线、组合曲线、各种规则和不规则曲面等的造型方法，并提供各种过渡、裁剪、几何变换等编辑手段。

被加工零件数据也可能由其他 CAD/CAM 系统传入，因此，CAM 系统针对此类需求应提供标准的数据接口，如 DXF，IGES，STEP 等。由于分工越来越细，企业之间的协作越来越频繁，这种形式目前越来越普遍。

被加工零件的外形不可能由测量机测量得到，针对此类需求，CAM 系统应提供读入测量数据的功能，按一定的格式给出数据，系统自动生成零件的外形曲面。

3.刀具轨迹生成

建立了加工模型后，即可利用 CAXA 制造工程师系统提供的多种形式的刀具轨迹生成功能进行数控编程。CAXA 制造工程师软件中提供了十余种加工轨迹生成的方法。用户可根据所要加工工件的形状特点、不同的工艺要求和精度要求，灵活选用系统中提供的各种加工方式和加工参数等，方便快速地生成所需要的刀具轨迹即刀具的切削路径。CAXA 制造工程师在研制过程中深入工厂车间并有自己的实验基地，它不仅集成了北京北航海尔软件有限公司多年科研方面的成果，也集成了工厂中的加工工艺经验，它是二者的完美结合。在 CAXA 制造工程师中做刀具轨迹，已经不是一种单纯的数值计算，而是工厂中数控加工经验的生动体现，也是自己加工经验的积累，他人加工经验的继承。

为满足特殊的工艺需要,CAXA 制造工程师软件能够对已生成的刀具轨迹进行编辑。CAXA 制造工程师软件还可通过模拟仿真检验生成的刀具轨迹的正确性和是否有过切产生。并可通过代码较核,用图形方法检验加工代码的正确性。

4.后置代码生成

在屏幕上用图形形式显示的刀具轨迹要变成可以控制机床的代码,需进行后置处理。后置处理的目的是形成数控指令文件,也就是通常说的 G 代码程序或 NC 程序。CAXA 制造工程师软件提供的后置处理功能是非常灵活的,它可通过用户自己修改某些设置而适用各自的机床要求。用户按机床规定的格式进行定制,即可方便地生成和特定机床相匹配的加工代码。

5.加工代码输出

生成数控指令后,可通过计算机的标准接口与机床直接连通。CAXA 制造工程师可以提供自己开发的通信软件,完成通过计算机的串口或并口与机床连接,将数控加工代码传输到数控机床,控制机床各坐标的伺服系统,驱动机床。

随着我国加工制造业的迅猛发展,数控加工技术得到了空前广泛的应用,CAXA 的 CAD/CAM 软件也得到了日益广泛的普及和应用。

【考核评价】

	评价内容	自我评价	小组互评	教师评价
技能	会操作 CAXA 制造工程师软件	掌握( ) 模仿( ) 不会( )	掌握( ) 模仿( ) 不会( )	掌握( ) 模仿( ) 不会( )
知识	了解 CAXA 制造工程师软件	应用( ) 理解( ) 不懂( )	应用( ) 理解( ) 不懂( )	应用( ) 理解( ) 不懂( )
	简单评语			

【巩固提高】

CAXA 制造工程师软件主要有哪些功能?

任务二　数控铣床自动编程

【工作任务】

- 掌握 CAXA 制造工程师软件进行实体设计和自动编程的方法。

【任务目标】

- 知道 CAXA 制造工程师软件草图绘制、建模及自动编程的方法；
- 能用 CAXA 制造工程师软件自动生成加工程序。

【知识准备】

以凸轮加工为例,介绍 CAXA 制造工程师软件刀路生成及程序后处理的方法。

一、实体造型

1.造型思路

根据图 5.2 给出的实体图形,能够看出凸轮的外轮廓边界线是一条凸轮曲线,可通过"公式曲线"功能绘制,中间是一个键槽。因为此造型整体是一个柱状体,所以通过拉伸功能可以造型。然后利用圆角过渡功能过渡相关边即可。

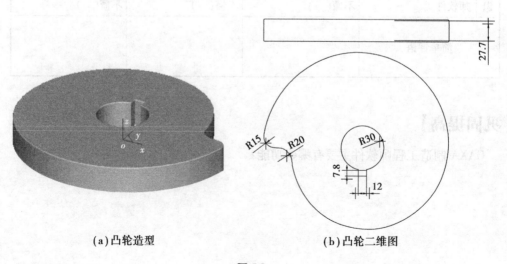

(a)凸轮造型　　　　　　　　　　(b)凸轮二维图

图 5.2

2.绘制草图

①选择菜单"文件"→"新建"命令或者单击"标准工具栏"上的图标 🗋,新建一个文件。

②按"F5"键,在 *XOY* 平面内绘图。选择菜单"应用"→"曲线生成"→"公式曲线"命令或者单击"曲线生成栏"中的图标 🔳,弹出如图 5.3 所示的对话框,选中"极坐标系"选项,设置各参数。

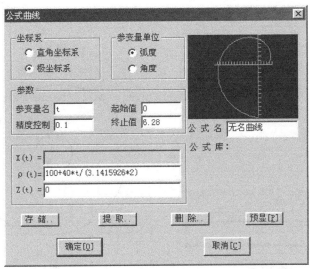

图 5.3

③单击"确定"按钮,此时公式曲线图形跟随鼠标,定位曲线端点到原点,如图 5.4所示。

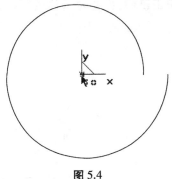

图 5.4

④单击"曲线生成栏"中的直线工具 ◣,在导航栏上选择"两点线""连续""非正交",如图 5.5 所示。将公式曲线的两个端点链接,如图 5.6 所示。

⑤选择"曲线生成栏"中的"整圆"工具 ⊕,然后在原点处单击鼠标左键,按回车键,弹出输入半径文本框,如图 5.7 所示,设置半径为"30",然后按回车键。画圆,如图 5.8所示。

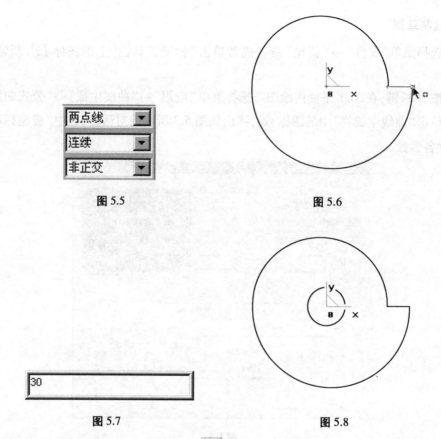

图 5.5   图 5.6

图 5.7   图 5.8

⑥单击"曲线生成栏"中的直线工具 ，在导航栏上选择"两点线""连续""正交"
"长度方式"，并输入长度为"12"，按回车键，参数如图 5.9 所示。

⑦选择原点，并在其右侧单击鼠标，长度为"12"的直线显示在工作环境中，如图 5.10
所示。

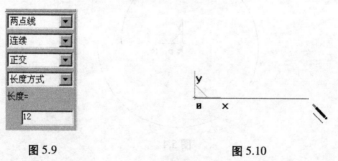

图 5.9   图 5.10

⑧选择"几何变换栏"中的"平移"工具 ，设置平移参数，如图 5.11 所示。选中上述
直线，单击鼠标右键，选中的直线移动到指定的位置。

⑨选择"曲线生成栏"中的直线工具 ，在导航栏上选择"两点线""连续""正交"
"点方式"，参数如图 5.12 所示。

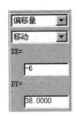

图 5.11　　　　　　　　　　　图 5.12

⑩选择被移动的直线上的一端点，在圆的下方单击鼠标右键，如图 5.13 所示。

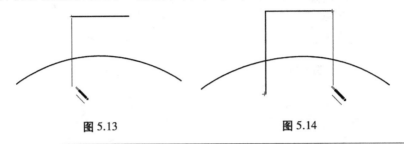

图 5.13　　　　　　　　　　　图 5.14

注意：
　　直线要与圆相交。

⑪通过上步操作，在水平直线的另一端点，画垂直线，如图 5.14 所示。

⑫选择"曲线裁剪"工具 $\cancel{}$，参数设置如图 5.15 所示。修剪草图如图 5.16 所示。

图 5.15　　　　　　　　　　　图 5.16

⑬选择"显示全部"工具 ，绘制的图形如图 5.17 所示。

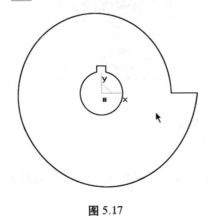

图 5.17

⑭选择"曲线过渡"工具 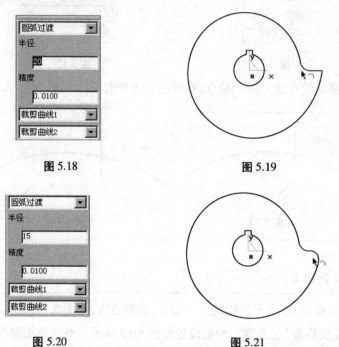 ,参数设置如图 5.18 所示,选择如图鼠标处的两条曲线,过渡如图 5.19 所示。然后将圆弧过渡的半径值修改为 15,如图 5.20 所示,选择如图鼠标处两条曲线,过渡如图 5.21 所示。

图 5.18

图 5.19

图 5.20

图 5.21

⑮选择特征树中的"平面 XY" ◆ **平面XY** ,单击"绘制草图"工具图标 ,进入草图绘制状态,单击"曲线投影"工具图标 ,选择绘制的图形,将图形投影到草图上。

⑯单击"检查草图环是否闭合"工具图标 ,检查草图是否闭合,如不闭合继续修改;如果闭合,将弹出如图 5.22 所示的对话框。

图 5.22

⑰单击图标 ,退出草图绘制。

3.实体造型

①拉伸增料。选择"拉伸增料工具" ,在弹出的对话框中设置参数,如图 5.23 所示。

图 5.23

②过渡。单击"特征生成栏"中的过渡图标 ，设置参数如图 5.24 所示，选择造型上下两面上的 16 条边，如图 5.25 所示，然后单击"确定"按钮。

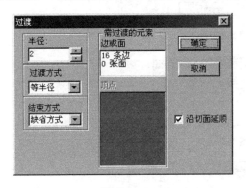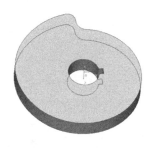

图 5.24   图 5.25

二、凸轮加工

1.加工思路

因为凸轮的整体形状是一个轮廓，所以粗加工和精加工都采用平面轮廓方式。注意在加工之前应将凸轮的公式曲线生成的样条轮廓转为圆弧，这样加工生成的代码可以走圆弧插补，从而生成的代码最短，加工的效果最好。

2.加工前的准备

①设定加工刀具。选择"应用"→"轨迹生成"→"刀具库管理"命令，弹出刀具库管理对话框，如图 5.26 所示。

②增加铣刀。单击"增加铣刀"按钮，在对话框中输入铣刀名称"D20"，增加一个加工需要的平刀，如图 5.27 所示。

一般都是以铣刀的直径和刀角半径来表示，刀具名称尽量和工厂中的用刀习惯一致。刀具名称一般表示形式为"D10,r3"，D 代表刀具直径，r 代表刀角半径。

③设定增加的铣刀参数。如图 5.28 所示在刀具库管理对话框中键入正确的数值刀角半径 r=0，刀具半径 R=10，其中的刀刃长度和刃杆长度与仿真有关而与实际加工无关，刀具定义即可完成。

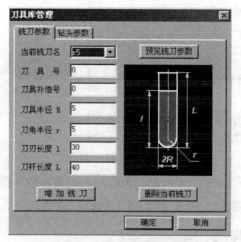

图 5.26

图 5.27

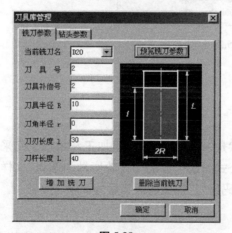

图 5.28

④单击"预览铣刀参数"按钮,观看增加的铣刀参数,然后单击"确定"按钮。

三、后置设置

用户可增加当前使用的机床,给出机床名,定义适合自己机床的后置格式。系统默认的格式为 FANUC 系统的格式。

1.选择命令

选择"应用"→"后置处理"→"后置设置"命令,弹出后置设置对话框。

2.增加机床设置

选择当前机床类型,如图 5.29 所示。

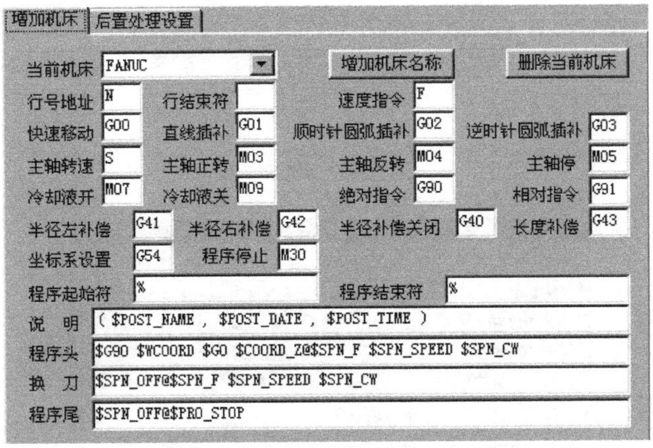

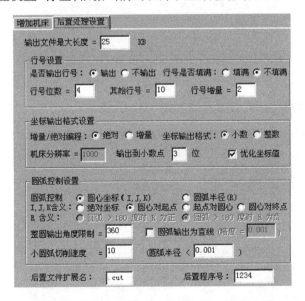

图 5.29　增加机床设置

3.后置处理设置

选择"后置处理设置"标签,根据当前的机床设置各参数,如图 5.30 所示。

图 5.30

4.设定加工范围

此例加工范围直接拾取凸轮造型上的轮廓线即可,如图 5.31 所示。

5.粗加工—平面轮廓加工轨迹

①在菜单上选择"应用"→"轨迹生成"→"平面轮廓加工"命令,弹出"平面轮廓加工参数表"。选择"平面轮廓加工参数"页面,设置参数如图 5.32 所示。

图 5.31

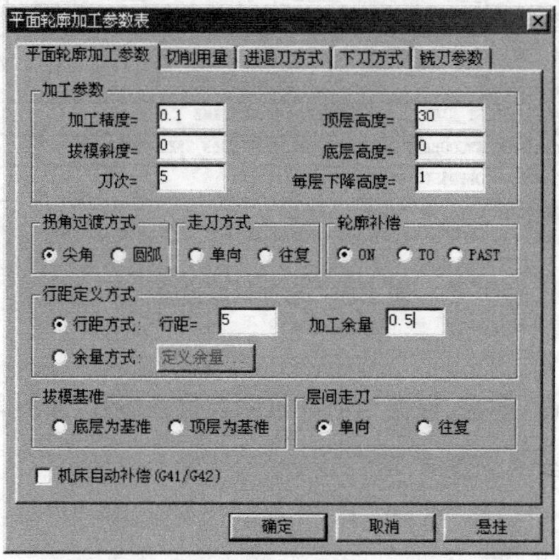

图 5.32

②选择"切削用量"页面,设置参数如图 5.33 所示。

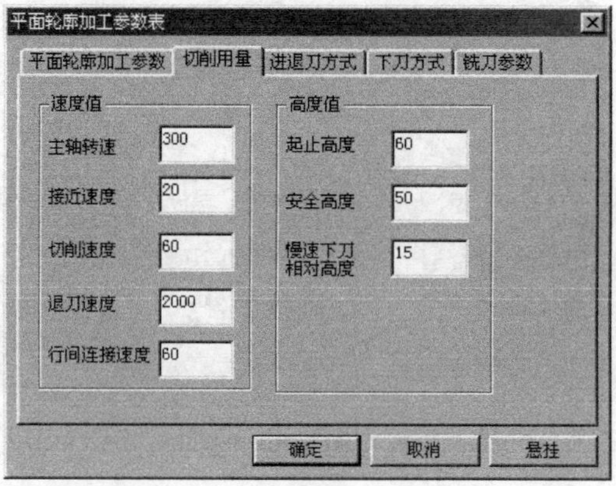

图 5.33

③进退刀方式和下刀方式设置为默认方式。

④选择"铣刀参数"页面,选择在刀具库中定义好的"D20"平刀,单击"确定"按钮,如图 5.34 所示。

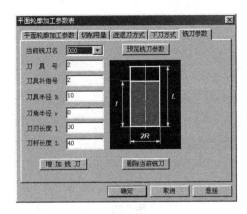

图 5.34

⑤状态栏提示"拾取轮廓和加工方向",用鼠标拾取造型的外轮廓,如图 5.35 所示。

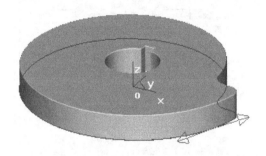

图 5.35

⑥状态栏提示"确定链搜索方向",选择箭头如图 5.36 所示。

⑦单击鼠标右键,状态栏提示"拾取箭头方向",选择图 5.37 中向外的箭头。

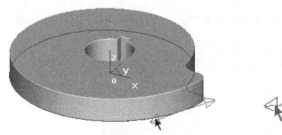

图 5.36

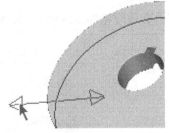

图 5.37

⑧单击鼠标右键,在工作环境中即生成加工轨迹,如图 5.38 所示。

6.生成精加工轨迹

①首先把粗加工的刀具轨迹隐藏掉。

②在菜单上选择"应用"→"加工轨迹"→"平面轮廓加工"命令,弹出"平面轮廓加工参数表",选择"平面轮廓加工参数"页面,将刀次修改为"1"、加工余量设置为"0",如图 5.39所示。然后单击"确定"按钮。

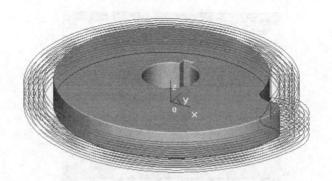

图 5.38

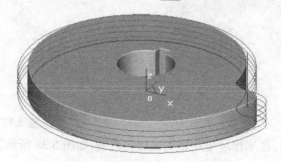

图 5.39

③其他参数同粗加工的设置,选择放大工具 ,查看精加工轨迹,如图 5.40 所示。

图 5.40

7.轨迹仿真

①首先把隐藏掉的粗加工轨迹设为可见。

②在菜单上选择"应用"→"轨迹仿真"命令,选择"自动计算"方式。

③状态栏提示"拾取刀具轨迹",拾取生成的粗加工和精加工轨迹,单击鼠标右键,轨迹仿真过程如图 5.41 所示。

图 5.41

8.生成 G 代码

①在菜单上选择"应用"→"后置处理"→"生成 G 代码"命令,弹出如图 5.42 所示的对话框。选择保存代码的路径并设置代码文件的名称。单击"保存"按钮。

图 5.42

②状态栏提示"拾取刀具轨迹",选择以上生成的粗加工和精加工轨迹,单击鼠标右键,弹出记事本文件,内容为生成的 G 代码,如图 5.43 所示。

图 5.43

9.生成加工工艺单

①在菜单上选择"应用"→"后置处理"→"生成工序单"命令,弹出"选择 HTML 文件名"对话框,输入文件名,单击"保存"。

②角提示拾取加工轨迹,用鼠标选取或用窗口选取或按"W"键,选中全部刀具轨迹,单击右键确认,立即生成加工工艺单。加工轨迹明细见表5.1。

表 5.1

序号	代码名称	刀具号	刀具参数	切削速度 /(mm·min⁻¹)	加工方式	加工时间 /min
1	凸轮粗加工.cut	2	刀具直径 = 20.00 刀角半径 = 0.00 刀刃长度 = 30.000	600	平面轮廓	8
2	凸轮精加工.cut	2	刀具直径 = 20.00 刀角半径 = 0.00 刀刃长度 = 30.000	600	平面轮廓	8

至此,凸轮的造型、生成加工轨迹、加工轨迹仿真检查、生成 G 代码程序,生成加工工艺单的工作已经全部做完,可以将加工工艺单和 G 代码程序通过工厂的局域网送到车间。车间在加工之前还可通过 CAXA 制造工程师中的校核 G 代码功能,再查看加工代码的轨迹形状,做到加工之前心中有数。将工件打表找正,按加工工艺单的要求找好工件零点,再按工序单中的要求装好刀具找好刀具的 Z 轴零点,即可以开始加工。

【考核评价】

评价内容		自我评价	小组互评	教师评价
技能	绘制凸轮草图	掌握( ) 模仿( ) 不会( )	掌握( ) 模仿( ) 不会( )	掌握( ) 模仿( ) 不会( )
	掌握凸轮实体造型	掌握( ) 模仿( ) 不会( )	掌握( ) 模仿( ) 不会( )	掌握( ) 模仿( ) 不会( )
	掌握凸轮程序后处理	掌握( ) 模仿( ) 不会( )	掌握( ) 模仿( ) 不会( )	掌握( ) 模仿( ) 不会( )
知识	CAXA 制造工程师快捷操作键	应用( ) 理解( ) 不懂( )	应用( ) 理解( ) 不懂( )	应用( ) 理解( ) 不懂( )
简单评语				

【巩固提高】

1.根据图 5.44 的图纸要求,运用 CAXA 制造工程师软件对该零件进行实体造型的设计与生成 G 代码。

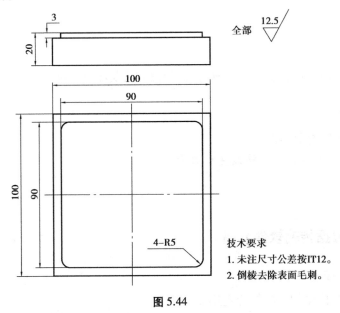

技术要求
1. 未注尺寸公差按IT12。
2. 倒棱去除表面毛刺。

图 5.44

2.根据图 5.45 的图纸要求,运用 CAXA 制造工程师对该零件进行实体造型的设计与生成 G 代码,并完成零件的加工。

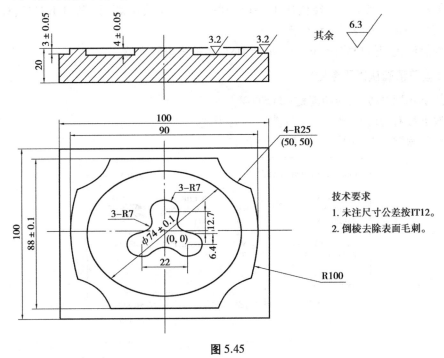

技术要求
1. 未注尺寸公差按IT12。
2. 倒棱去除表面毛刺。

图 5.45

任务三 DNC 数据传输

【工作任务】

- 了解 DNC 数据传输,掌握 DNC 数据传输方法及注意事项。

【任务目标】

- 了解 DNC 数据传输;
- 掌握 DNC 数据传输方法及注意事项。

【知识准备】

一、DNC 数据传输软件介绍

1.DNC 传输注意事项

①用于 DNC 传输的计算机应选用品牌机。

②计算机机壳应和机床地线相连。

③不要带电插拔 RS232 接口。

④如不按以上要求,出现机床 FANUC DNC 传输模块烧坏,计算机 RS232(COM1,COM2)接口烧坏,本公司不负任何责任。

⑤为保证机床接口安全,可特别加装 DNC 传输光电隔离器。

2.传输前请确认以下参数

①按下 MDI 面板上的功能键〔SYSTEM〕。

②按下最右边的软键下一菜单键〔→〕若干次。

③按下软键〔ALL IO〕显示 ALL IO 屏幕。

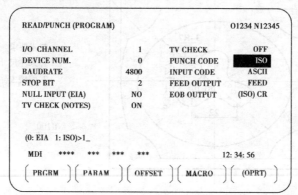

```
READ/PUNCH (PROGRAM)                        O1234 N12345

I/O  CHANNEL           1       TV CHECK           OFF
DEVICE NUM.            0       PUNCH CODE         ISO
BAUDRATE           4800        INPUT CODE         ASCII
STOP BIT              2        FEED OUTPUT        FEED
NULL INPUT (EIA)     NO        EOB OUTPUT         (ISO) CR
TV CHECK (NOTES)     ON


 (0: EIA  1: ISO)>1_

 MDI    ****  ***  ***  ***              12: 34: 56

 〔 PRGRM 〕〔 PARAM 〕〔 OFFSET 〕〔 MACRO 〕〔 (OPRT) 〕
```

以上参数设置如下：

READ／PUNCH（PROGRAM）		01234　　N12345	
I/O CHANNEL	0	TV CHECK	OFF
DEVICE　NUM.	0	PUNCH　CODE	ISO
BAUDRATE	4800	INPUT　CODE	EIA/ISO
STOP　BIT	2	FEED　OUTPUT	NO FEED
NULL　INPUT	NO	EOB　OUTPUT	LF
TV CHECK（NOTES）OFF			

传输原则及提示：接收方准备好后发送方再发送。当机床准备好接收数据后，显示器右下角有"LSK"字样在闪动。一旦机床接收到数据显示器右下角的"LSK"字样立即变为"输入"。

二、软件操作

①传输软件至少需要 TERMINAL.EXE 和 FFANUC.TRM 两个文件。

②依次选择菜单"File"→"Open"进入如图 5.46 所示的对话框。

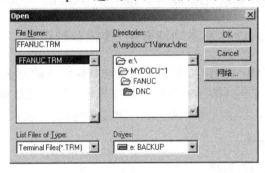

图 5.46

③选择 FFANUC.TRM 后，单击"OK"确认。

④选择菜单"Setting"→"Communications"进入如图 5.47 所示的对话框。

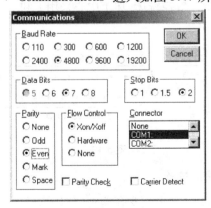

图 5.47

⑤用 COM1 或 COM2 由电脑侧接线而定,设置传输参数后,单击"OK"确认。

⑥依次选择菜单"Transfrs"→"Send Text File"进入如图 5.48 所示的对话框。

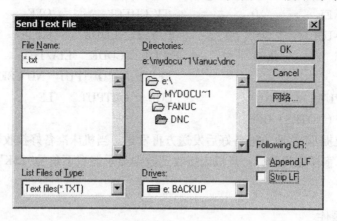

图 5.48

⑦选择需要传输的文件后,单击"OK"确认。

⑧接收文件依次选择菜单"Transfrs"→"Receive Text File"进入对话框。

三、DNC 数据传输软件基本功能介绍,传输参数设置

在数控机床的程序输入操作中,如果采用手动数据输入的方法往 CNC 中输入,一是操作、编辑及修改不便;二是 CNC 内存较小,程序比较大时就无法输入。为此,必须通过传输(计算机与数控 CNC 之间的串口联系,即 DNC 功能)的方法来完成。

(一)串口线路的连接

1.华中系统串口线路的连接

华中系统数控机床的 DNC 采用 2 个 9 孔插头(其串口编号见图 5.49。一个与计算机的 COM1 或 COM2 相连接,另一个与数控机床的通信接口相连接)用网络线连接。数控车床的焊接关系如图 5.50 所示。数控铣床、加工中心采用 1 和 9 空以外,其他一一对应进行焊接。

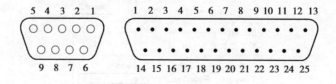

图 5.49

2.FANUC 系统串口线路的连接

FANUC 系统数控机床的 DNC 采用 9 孔插头(与计算机的 COM1 或 COM2 相连接)及 25 针插头(与数控机床的通信接口相连接)用网络线连接。

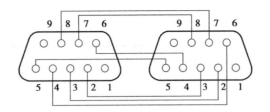

图 5.50

（二）程序格式

①程序的编写。在记事本中编写程序。

②程序格式如下：

%××××　（4 位以内的数字组成程序名。×为数字,下同）

…（以下为编写的程序段）

③保存到文件夹中的程序文件名　O××××（"O"为英文）。

四、DNC 数据传输

华中系统传输指导：

①首先机床处于输入等待状态"F7Dnc 通信"→"Enter"。

②打开桌面"Dnc"传输软件,进行传输。打开"串口"→"发送 G 代码"→"选择需要传输的文件"→"确定"；系统提示：正在接收数据；传输完成之后系统提示：等待客户端指令。

注意：

（1）生成文件必须是"txt"格式文本文档文件。

（2）程序名必须为字母"O"开头,后跟 3~4 位数字或字母。

（3）程序头必须是%号开头,例如,%0001（勿使用 0000 和 9999）。

（4）通信参数已调整完毕,选手请勿调整通信参数,产生错误,后果自负。

（5）面板空白按钮说明：换刀按键左边按键为刀位选择按键；左下机床锁住左边依次为跳段运行选择和程序选择"停"按键。

（6）螺纹加工必须在主轴正转的情况下进行,即 M03,反转螺纹加工不执行。

（7）螺纹加工时,建议进给速度控制在 F2000 内,例如,螺距 6,转速控制在 400 内。

【考核评价】

	评价内容	自我评价	小组互评	教师评价
技能	能用 DNC 传输数据	掌握( ) 模仿( ) 不会( )	掌握( ) 模仿( ) 不会( )	掌握( ) 模仿( ) 不会( )
知识	DNC 传输注意事项	应用( ) 理解( ) 不懂( )	应用( ) 理解( ) 不懂( )	应用( ) 理解( ) 不懂( )
	简单评语			

【巩固提高】

在 DNC 数据传输软件使用过程中要注意哪些问题？

项目六　综合类零件加工

【项目导读】

本项目主要介绍数控铣削加工的基本概念、常用设备——数控铣床及加工中心、铣削刀具、数控铣削的特点、应用以及发展等。其主要内容有数控铣及加工中心概述、铣削加工的常用刀具、数控铣床安全操作规程、数控铣及加工中心的基本组成和工作原理以及数控铣床和加工中心编程基础知识。

任务一　综合类零件加工工艺

【工作任务】

● 用数控立式加工中心机床对图 6.1 所示的零件图进行精加工,请列出数控工艺方案和加工工序卡片。

【任务目标】

● 了解数控加工工艺;
● 掌握工艺制订的方法;
● 完成零件加工。

【知识准备】

一、数控加工工艺简介

1.数控加工工艺的发展

数控加工的发展趋势是高速和精密,另一个发展趋势是完整加工,即在一台机床上完成复杂零件的全部加工工序。

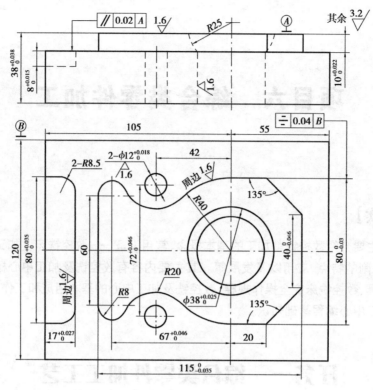

图 6.1

2.数控加工工艺的特点

数控加工工艺具有以下特点：

①数控机床加工精度高。一般只需一次加工即能达到加工部位的精度，而不需分粗加工和精加工。

②在数控机床上工件一次装夹，可以进行多个部位的加工，有时甚至可完成工件的全部加工内容。

③由于刀具库或刀架上装有几把甚至更多的备用刀具，因此，在数控机床上加工工件时，刀具的配置、安装与使用不需要中断加工过程，使加工过程连续。

④根据数控机床加工时工件装夹特点与刀具配置、使用的特点区别于普通机床加工时的情况，工件各部位的数控加工顺序可能与普通机床上加工工件的顺序有很大的区别。

此外，根据数控机床高速、高效、高精度、高自动化等特点，数控加工还具有以下工艺特点：

①切削量用比普通机床大。

②工序相对集中。

③较多地使用自动换刀(ATC)。

④首件需试切削。

⑤工艺内容更具体、更详细，工艺要求更严密、更精确。

二、机械加工工艺规程的制订程序

制订机械加工工艺规程的原始资料主要是产品图纸、生产纲领、现场加工设备及生产条件等,有了这些原始资料并由生产纲领确定了生产类型和生产组织形式之后,即可着手机械加工工艺规程的制订,其内容和顺序如下:

①分析被加工零件。

②选择毛坯。

③设计工艺过程包括划分工艺过程的组成、选择定位基准、选择零件表面的加工方法、安排加工顺序和组合工序等。

④工序设计包括选择机床和工艺装备、确定加工余量、计算工序尺寸及其公差、确定切削用量及计算工时定额等。

⑤编制工艺文件。

三、典型综合零件加工工艺分析

1.图纸分析

(1)支承套零件的结构特点

支承套零件图如图 6.2、图 6.3 所示,为便于加工中心定位和装夹,ϕ100f9 外圆、$80^{+0.5}_{0}$ 尺寸两面、$78^{0}_{-0.5}$ 尺寸上面均在前面工序中用普通机床完成。

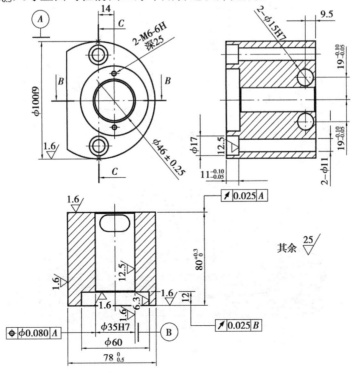

图 6.2

（2）主要加工内容

①2-ϕ15H7 孔；

②ϕ35H7 孔；

③ϕ60×12 沉孔；

④2-ϕ11 孔；

⑤2-ϕ17×11 沉孔；

⑥2-M6-6H 螺孔。

（3）零件材料

零件材料为 45 号钢。

（4）毛坯图

毛坯图如图 6.4 所示。

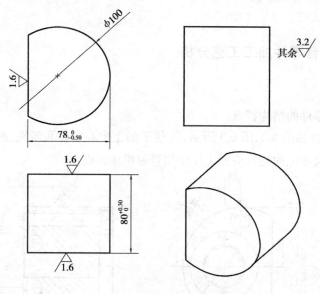

图 6.3

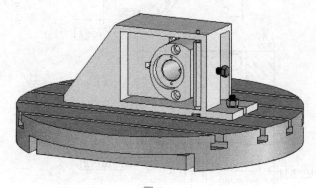

图 6.4

2.加工工艺分析及工序设计

（1）确定各加工表面的加工方法

根据各加工面的精度要求和粗糙度要求，2-φ15H7 孔采用钻-扩-铰孔，φ35H7 孔采用钻-粗镗-半精镗-铰孔，2-φ11 孔采用钻削，2-φ17×11 沉孔加工方法为锪削，φ60×12 沉孔加工方法为粗铣-精铣。

（2）确定加工工艺路线

数控加工支承套工艺方案见表 6.1。

表 6.1

工序	工步	加工内容	定位基准	工艺装备
I	1	钻 φ35H7 孔,2-φ17×11 中心孔	A 面,平面 C,端面 D	中心钻 φ3
	2	钻 φ35H7 孔至 φ31	同上	锥柄麻花钻 φ31
	3	钻 2-φ11 孔	同上	锥柄麻花钻 φ11
	4	锪 2-φ17	同上	锥柄埋头钻 17×11
	5	粗镗 φ35H7 至 φ34	同上	粗镗刀 φ34
	6	粗铣 φ60×12 至 φ59×11.5	同上	合金立铣刀 φ32T
	7	精铣 φ60×12	同上	合金立铣刀 φ32T
	8	半精镗 φ35H7 孔至 φ34.85	同上	镗刀 φ34.85
	9	钻 2-M6-6H 螺孔中心孔	同上	中心钻 φ3
	10	钻 2-M6-6H 底孔至 φ5	同上	直柄麻花钻 φ5
	11	攻 2-M6-6H 螺纹	同上	机用丝锥,中锥 M6
	12	铰 φ35H7 孔	同上	套式铰刀 35AH7
	13	在 φ35H7 孔中手动装入工艺堵	同上	专用工艺堵 II
	14	钻 2-φ15H7 孔中心孔	同上	中心钻 φ3
	15	钻 2-φ15H7 至 φ14	同上	锥柄麻花钻 φ14
	16	扩 2-φ15H7 至 φ14.85	同上	锥柄端刃扩孔钻 φ14.85
	17	铰 2-φ15H7 孔	同上	锥柄长刃铰刀 φ15AH7

采用数控加工后，工件在一次装夹下能完成铣、镗、钻、扩、铰、攻丝、锪等多种加工，因此，数控加工工艺具有复合性特点，也可以说数控加工工艺的工序把传统工艺中的工序"集成"了，这使得零件加工所需的专用夹具数量大为减少，零件装夹次数及周转时间也大大减少了，从而使零件的加工精度和生产效率有了很大的提高。确定机械加工余量见表 6.2。

表 6.2　支承套机械加工余量

工步内容	单边余量/mm	公差值/μm	表面粗糙度/μm	精度级
钻 ϕ35H7 孔至 ϕ31	15.5	210	12.5	IT12
钻 2-ϕ11 孔	5.5	150	12.5	IT12
锪 2-ϕ17	3	110	12.5	IT11
粗镗 ϕ35H7 至 ϕ34	1.5	160	6.3	IT11
粗铣 ϕ60×12 至 ϕ59×11.5	7	190	6.3	IT11
精铣 ϕ60×12	0.5	46	1.6	IT8
半精镗 ϕ35H7 孔至 ϕ34.85	0.425	62	3.2	IT9
钻 2-M6-6H 底孔至 ϕ5	2.5	30	3.2	IT9
铰 ϕ35H7 孔	0.075	39	1.6	IT8
钻 2-ϕ15H7 至 ϕ14	7	43	3.2	IT9
扩 2-ϕ15H7 至 ϕ14.85	0.425	39	3.2	IT9
铰 2-ϕ15H7 孔	0.075	33	1.6	IT8

根据以上信息制订数控加工工序卡片,见表 6.3。

表 6.3　数控加工工序卡片

数控加工工序卡片		产品型号		零件名称	支承套	程序号		
		零件图号	6-1	材　料	45 号	编制		
工步	工步内容	刀　具		辅　具		切削用量		
		T 码	规格种类			S	F	
1	B0、G54							
2	钻 ϕ35H7 孔, 2-ϕ17×11 中心孔	T01	中心钻 ϕ3	JT40-Z6-45		1200	40	
3	钻 ϕ35H7 孔至 ϕ31	T14	锥柄麻花钻 ϕ31	JT40-M3-75		150	30	
4	钻 2-ϕ11 孔	T02	锥柄麻花钻 ϕ11	JT40-M1-35		500	70	
5	锪 2-ϕ17	T03	锥柄埋头钻 ϕ17×11	JT40-M2-50		150	15	
6	粗镗 ϕ35H7 至 ϕ34	T04	粗镗刀 ϕ34	JT40-TQC30-165		400	30	
7	粗铣 ϕ60×12 至 ϕ59×11.5	T05	合金立铣刀 ϕ32T	JT40-MW4-85		500	70	
8	精铣 ϕ60×12	T06	合金立铣刀 ϕ32T	JT40-MW4-85		600	45	
9	半精镗 ϕ35H7 至 ϕ34.85	T07	镗刀 ϕ34.85	JT40-TZC30-165		450	35	
10	钻 2-M6-6H 螺孔中心孔	T01						

工步	工步内容	刀 具		辅 具	切削用量	
		T 码	规格种类		S	F
11	钻 2-M6-6H 底孔至 $\phi5$	T08	直柄麻花钻 $\phi5$	JT40-Z6-45JZM6	650	35
12	2-M6-6H 孔端倒角	T02			500	20
13	攻 2-M6-6H 螺纹	T09	机用丝锥,中锥 M6	JT40-G1 JT3	100	100
14	铰 $\phi35H7$ 孔	T10	套式铰刀 35AH7	JT40-K19-140	100	50
15	M01					
16	在 $\phi35H7$ 孔中手动装入工艺堵		专用工艺堵 II 29-54			
17	B90° G55					
18	钻 2-$\phi15H7$ 孔中心孔	T01				
19	钻 2-$\phi15H7$ 至 $\phi14$	T11	锥柄麻花钻 $\phi14$	JT40-M1-35	450	60
20	扩 2-$\phi15H7$ 至 $\phi14.85$	T12	锥柄端刃扩孔钻 $\phi14.85$	JT40-M2-50	200	40
21	铰 2-$\phi15H7$ 孔	T13	锥柄长刃铰刀 $\phi15H7$	JT40-M2-50	100	60

【考核评价】

数控加工支承套工艺方案

工序	工步	加工内容	定位基准	工艺装备	
I	1				
	2				
	3				
	4				
	5				
	6				
	7				
	8				
	9				
	10				
	11				
	12				
	13				

续表

工序	工步	加工内容	定位基准	工艺装备	
	14				
	15				
	16				
	17				
	18				
	19				
	20				
I	21				
	22				
	23				
	24				
	25				
	26				
	27				
	28				

数控加工工序卡片

数控加工工序卡片		产品型号		零件名称	支承套	程序号	
		零件图号		材　料	45 号	编制	
工步		工步内容		刀　具		辅　具	切削用量	
			T 码	规格种类			S	F
1								
2								
3								
4								
5								
6								
7								
8								
9								

续表

工步	工步内容	刀 具		辅 具	切削用量	
		T 码	规格种类		S	F
10						
11						
12						
13						
14						
15						
16						
17						
18						
19						
20						
21						
22						
23						
24						
25						
26						
27						
28						
29						
30						
31						

任务二 数控铣床技能鉴定考核标准

【工作任务】

- 数控铣工、加工中心操作工技能鉴定考核标准。

【任务目标】

- 了解技能鉴定；
- 知道数控铣工、加工中心操作工技能鉴定考核标准；
- 考取技能等级证书。

【知识准备】

一、技能鉴定概述

职业技能鉴定是一项基于职业技能水平的考核活动,属于标准参照型考试。它是由考试考核机构对劳动者从事某种职业所应掌握的技术理论知识。职业技能鉴定是对国家职业资格证书制度的重要组成部分和实际操作能力作出客观的测量和评价。

1.鉴定内容

职业技能鉴定的主要内容包括职业知识、操作技能和职业道德 3 个方面。这些内容是根据国家职业(技能)标准、职业技能鉴定规范(即考试大纲)和相应教材来确定的,并通过编制试卷来进行鉴定考核。

2.考核要求

职业技能鉴定分为知识要求考试和操作技能考核两部分。其内容是根据国家职业(技能)标准、职业技能鉴定规范(即考试大纲)和相应教材来确定的,并通过编制试卷来进行鉴定考核。具体考核项目及配分见表 6.4 和表 6.5。

表 6.4

序　号	考核项目	配　分
1	安全与文明生产	成绩权重 5%
2	基础知识	成绩权重 20%
3	加工准备	成绩权重 5%
4	数控编程	成绩权重 15%
5	数控机床操作	成绩权重 20%
6	零件加工	成绩权重 30%
7	数控机床维护和故障诊断	成绩权重 5%

表 6.5

序　号	考核项目	配　分
1	工艺分析	成绩权重 5%
2	加工准备	成绩权重 10%
3	数控编程	成绩权重 30%
4	数控机床操作	成绩权重 5%
5	零件加工	成绩权重 35%
6	数控机床维护和故障诊断	成绩权重 5%
7	精度检验	成绩权重 10%

3.国家职业资格证书样本

国家职业资格证书样本,如图 6.5 所示。

图 6.5

二、数控铣操作工(中级)国家职业技能鉴定标准(表6.6)

表6.6

职业功能	工作内容	技能要求	相关知识
一、加工准备	(一)读图与绘图	①能读懂中等复杂程度(如凸轮、壳体、板状、支架)的零件图; ②能绘制有沟槽、台阶、斜面、曲面的简单零件图; ③能读懂分度头尾架、弹簧夹头套筒、可转位铣刀结构等简单机构装配图	①复杂零件的表达方法; ②简单零件图的画法; ③零件三视图、局部视图和剖视图的画法
	(二)制订加工工艺	①能读懂复杂零件的铣削加工工艺文件; ②能编制由直线、圆弧等构成的二维轮廓零件的铣削加工工艺文件	①数控加工工艺知识; ②数控加工工艺文件的制订方法
	(三)零件定位与装夹	①能使用铣削加工常用夹具(如压板、虎钳、平口钳等)装夹零件; ②能选择定位基准,并找正零件	①常用夹具的使用方法; ②定位与夹紧的原理和方法; ③零件找正的方法
	(四)刀具准备	①能根据数控加工工艺文件选择、安装和调整数控铣床常用刀具; ②能根据数控铣床特性、零件材料、加工精度、工作效率等选择刀具和刀具几何参数,并确定数控加工需要的切削参数和切削用量; ③能利用数控铣床的功能,借助通用量具或对刀仪测量刀具的半径及长度; ④能选择、安装和使用刀柄; ⑤能刃磨常用刀具	①金属切削与刀具磨损知识; ②数控铣床常用刀具的种类、结构、材料和特点; ③数控铣床、零件材料、加工精度和工作效率对刀具的要求; ④刀具长度补偿、半径补偿等刀具参数的设置知识; ⑤刀柄的分类和使用方法; ⑥刀具刃磨的方法
二、数控编程	(一)手工编程	①能编制由直线、圆弧组成的二维轮廓数控加工程序; ②能运用固定循环、子程序进行零件加工程序的编制	①数控编程知识; ②直线插补和圆弧插补的原理; ③节点的计算方法
	(二)计算机辅助编程	①能使用CAD/CAM软件绘制简单零件图; ②能利用CAD/CAM软件完成简单平面轮廓的铣削程序	①CAD/CAM软件的使用方法; ②平面轮廓的绘图与加工代码生成方法

续表

职业功能	工作内容	技能要求	相关知识
三、数控铣床操作	（一）操作面板	①能按照操作规程启动及停止机床； ②能使用操作面板上的常用功能键（如回零、手动、MDI、修调等）	①数控铣床操作说明书； ②数控铣床操作面板的使用方法
	（二）程序输入与编辑	①能通过各种途径（如 DNC、网络）输入加工程序； ②能通过操作面板输入和编辑加工程序	①数控加工程序的输入方法； ②数控加工程序的编辑方法
	（三）对刀	①能进行对刀并确定相关坐标系； ②能设置刀具参数	①对刀的方法； ②坐标系的知识； ③建立刀具参数表或文件的方法
	（四）程序调试与运行	能进行程序检验、单步执行、空运行并完成零件试切	程序调试的方法
	（五）参数设置	能通过操作面板输入有关参数	数控系统中相关参数的输入方法
四、零件加工	（一）平面加工	能运用数控加工程序进行平面、垂直面、斜面、阶梯面等的铣削加工，并达到以下要求： ①尺寸公差等级达 IT7 级； ②形位公差等级达 IT8 级； ③表面粗糙度 Ra 达 3.2 μm	①平面铣削的基本知识； ②刀具端刃的切削特点
	（二）轮廓加工	能运用数控加工程序进行由直线、圆弧组成的平面轮廓铣削加工，并达到以下要求： ①尺寸公差等级达 IT8 级； ②形位公差等级达 IT8 级； ③表面粗糙度 Ra 达 3.2 μm	①平面轮廓铣削的基本知识； ②刀具侧刃的切削特点
	（三）曲面加工	能运用数控加工程序进行圆锥面、圆柱面等简单曲面的铣削加工，并达到以下要求： ①尺寸公差等级达 IT8 级； ②形位公差等级达 IT8 级； ③表面粗糙度 Ra 达 3.2 μm	①曲面铣削的基本知识； ②球头刀具的切削特点

续表

职业功能	工作内容	技能要求	相关知识
四、零件加工	（四）孔类加工	能运用数控加工程序进行孔加工,并达到以下要求: ①尺寸公差等级达 IT7 级; ②形位公差等级达 IT8 级; ③表面粗糙度 Ra 达 3.2 μm	麻花钻、扩孔钻、丝锥、镗刀及铰刀的加工方法
	（五）槽类加工	能运用数控加工程序进行槽、键槽的加工,并达到以下要求: ①尺寸公差等级达 IT8 级; ②形位公差等级达 IT8 级; ③表面粗糙度 Ra 达 3.2 μm	槽、键槽的加工方法
	（六）精度检验	能使用常用量具进行零件的精度检验	①常用量具的使用方法; ②零件精度检验及测量方法
五、维护与故障诊断	（一）机床日常维护	能根据说明书完成数控铣床的定期及不定期维护保养,包括机械、电气、液压、数控系统检查和日常保养等	①数控铣床说明书; ②数控铣床日常保养方法; ③数控铣床操作规程; ④数控系统(进口、国产数控系统)说明书
	（二）机床故障诊断	①能读懂数控系统的报警信息; ②能发现数控铣床的一般故障	①数控系统的报警信息; ②机床的故障诊断方法
	（三）机床精度检查	能进行机床水平的检查	①水平仪的使用方法; ②机床垫铁的调整方法

三、数控铣操作工(高级)国家职业技能鉴定标准(表6.7)

表 6.7

职业功能	工作内容	技能要求	相关知识
一、加工准备	（一）读图与绘图	①能读懂装配图并拆画零件图; ②能测绘零件; ③能读懂数控铣床主轴系统、进给系统的机构装配图	①根据装配图拆画零件图的方法; ②零件的测绘方法; ③数控铣床主轴与进给系统基本构造知识
	（二）制订加工工艺	能编制二维、简单三维曲面零件的铣削加工工艺文件	复杂零件数控加工工艺的制订

续表

职业功能	工作内容	技能要求	相关知识
一、加工准备	(三)零件定位与装夹	①能选择和使用组合夹具及专用夹具; ②能选择和使用专用夹具装夹异形零件; ③能分析并计算夹具的定位误差; ④能设计与自制装夹辅具(如轴套、定位件等)	①数控铣床组合夹具和专用夹具的使用、调整方法; ②专用夹具的使用方法; ③夹具定位误差的分析与计算方法; ④装夹辅具的设计与制造方法
	(四)刀具准备	①能选用专用工具(刀具和其他); ②能根据难加工材料的特点,选择刀具的材料、结构和几何参数	①专用刀具的种类、用途、特点和刃磨方法; ②切削难加工材料时的刀具材料和几何参数的确定方法
二、数控编程	(一)手工编程	①能编制较复杂的二维轮廓铣削程序; ②能根据加工要求编制二次曲面的铣削程序; ③能运用固定循环、子程序进行零件的加工程序编制; ④能进行变量编程	①较复杂二维节点的计算方法; ②二次曲面几何体外轮廓节点计算; ③固定循环和子程序的编程方法; ④变量编程的规则和方法
	(二)计算机辅助编程	①能利用 CAD/CAM 软件进行中等复杂程度的实体造型(含曲面造型); ②能生成平面轮廓、平面区域、三维曲面、曲面轮廓、曲面区域、曲线的刀具轨迹; ③能进行刀具参数的设定; ④能进行加工参数的设置; ⑤能确定刀具的切入切出位置与轨迹; ⑥能编辑刀具轨迹; ⑦能根据不同的数控系统生成 G 代码	①实体造型的方法; ②曲面造型的方法; ③刀具参数的设置方法; ④刀具轨迹的生成方法; ⑤各种材料切削用量的数据; ⑥有关刀具切入切出的方法对加工质量影响的知识; ⑦轨迹编辑的方法; ⑧后置处理程序的设置和使用方法
	(三)数控加工仿真	能利用数控加工仿真软件实施加工过程仿真、加工代码检查与干涉检查	数控加工仿真软件的使用方法

续表

职业功能	工作内容	技能要求	相关知识
三、数控铣床操作	（一）程序调试与运行	能在机床中断加工后正确恢复加工	程序的中断与恢复加工的方法
	（二）参数设置	能依据零件特点设置相关参数进行加工	数控系统参数设置方法
四、零件加工	（一）平面铣削	能编制数控加工程序铣削平面、垂直面、斜面、阶梯面等，并达到以下要求： ①尺寸公差等级达 IT7 级； ②形位公差等级达 IT8 级； ③表面粗糙度 Ra 达 3.2 μm	①平面铣削精度控制方法； ②刀具端刃几何形状的选择方法
	（二）轮廓加工	能编制数控加工程序铣削较复杂的(如凸轮等)平面轮廓，并达到以下要求： ①尺寸公差等级达 IT8 级； ②形位公差等级达 IT8 级； ③表面粗糙度 Ra 达 3.2 μm	①平面轮廓铣削的精度控制方法； ②刀具侧刃几何形状的选择方法
	（三）曲面加工	能编制数控加工程序铣削二次曲面，并达到以下要求： ①尺寸公差等级达 IT8 级； ②形位公差等级达 IT8 级； ③表面粗糙度 Ra 达 3.2 μm	①二次曲面的计算方法； ②刀具影响曲面加工精度的因素以及控制方法
	（四）孔系加工	能编制数控加工程序对孔系进行切削加工，并达到以下要求： ①尺寸公差等级达 IT7 级； ②形位公差等级达 IT8 级； ③表面粗糙度 Ra 达 3.2 μm	麻花钻、扩孔钻、丝锥、镗刀及铰刀的加工方法
	（五）深槽加工	能编制数控加工程序进行深槽、三维槽的加工，并达到以下要求： ①尺寸公差等级达 IT8 级； ②形位公差等级达 IT8 级； ③表面粗糙度 Ra 达 3.2 μm	深槽、三维槽的加工方法
	（六）配合件加工	能编制数控加工程序进行配合件加工，尺寸配合公差等级达 IT8 级	①配合件的加工方法； ②尺寸链换算的方法

续表

职业功能	工作内容	技能要求	相关知识
四、零件加工	（七）精度检验	①能利用数控系统的功能使用百（千）分表测量零件的精度； ②能对复杂、异形零件进行精度检验； ③能根据测量结果分析产生误差的原因； ④能通过修正刀具补偿值和修正程序来减少加工误差	①复杂、异形零件的精度检验方法； ②产生加工误差的主要原因及其消除方法
五、维护与故障诊断	（一）日常维护	能完成数控铣床的定期维护	数控铣床定期维护手册
	（二）故障诊断	能排除数控铣床的常见机械故障	机床的常见机械故障诊断方法
	（三）机床精度检验	能协助检验机床的各种出厂精度	机床精度的基本知识

四、数控加工中心（中级）国家职业技能鉴定标准（表6.8）

表6.8

职业功能	工作内容	技能要求	相关知识
一、加工准备	（一）读图与绘图	①能读懂中等复杂程度（如凸轮、箱体、多面体）的零件图； ②能绘制有沟槽、台阶、斜面的简单零件图； ③能读懂分度头尾架、弹簧夹头套筒、可转位铣刀结构等简单机构装配图	①复杂零件的表达方法； ②简单零件图的画法； ③零件三视图、局部视图和剖视图的画法
	（二）制订加工工艺	①能读懂复杂零件的数控加工工艺文件； ②能编制直线、圆弧面、孔系等简单零件的数控加工工艺文件	①数控加工工艺文件的制订方法； ②数控加工工艺知识
	（三）零件定位与装夹	①能使用加工中心常用夹具（如压板、虎钳、平口钳等）装夹零件； ②能选择定位基准，并找正零件	①加工中心常用夹具的使用方法； ②定位、装夹的原理及方法； ③零件找正的方法

续表

职业功能	工作内容	技能要求	相关知识
一、加工准备	（四）刀具准备	①能根据数控加工工艺卡选择、安装和调整加工中心常用刀具； ②能根据加工中心特性、零件材料、加工精度和工作效率等选择刀具和刀具几何参数，并确定数控加工需要的切削参数和切削用量； ③能使用刀具预调仪或者在机内测量工具的半径及长度； ④能选择、安装、使用刀柄； ⑤能刃磨常用刀具	①金属切削与刀具磨损知识； ②加工中心常用刀具的种类、结构和特点； ③加工中心、零件材料、加工精度和工作效率对刀具的要求； ④刀具预调仪的使用方法； ⑤刀具长度补偿、半径补偿与刀具参数的设置知识； ⑥刀柄的分类及使用方法； ⑦刀具刃磨的方法
二、数控编程	（一）手工编程	①能编制钻、扩、铰、镗等孔类加工程序； ②能编制平面铣削程序； ③能编制含直线插补、圆弧插补二维轮廓的加工程序	①数控编程知识； ②直线插补和圆弧插补的原理； ③坐标点的计算方法； ④刀具补偿的作用及计算方法
	（二）计算机辅助编程	能利用 CAD/CAM 软件完成简单平面轮廓的铣削程序	①CAD/CAM 软件的使用方法； ②平面轮廓的绘图与加工代码生成方法
三、加工中心操作	（一）操作面板	①能按照操作规程启动及停止机床； ②能使用操作面板上的常用功能键(如回零、手动、MDI、修调等)	①加工中心操作说明书； ②加工中心操作面板的使用方法
	（二）程序输入与编辑	①能通过各种途径(如 DNC、网络)输入加工程序； ②能通过操作面板输入和编辑加工程序	①数控加工程序的输入方法； ②数控加工程序的编辑方法
	（三）对刀	①能进行对刀并确定相关坐标系； ②能设置刀具参数	①对刀的方法； ②坐标系的知识； ③建立刀具参数表或文件的方法
	（四）程序调试与运行	①能进行程序检验、单步执行、空运行并完成零件试切； ②能使用交换工作台	①程序调试的方法； ②工作台交换的方法
	（五）刀具管理	①能使用自动换刀装置； ②能在刀库中设置和选择刀具； ①能通过操作面板输入有关参数	①刀库的知识； ②刀库的使用方法； ③刀具信息的设置方法与刀具选择， ④数控系统中加工参数的输入方法

职业功能	工作内容	技能要求	相关知识
四、零件加工	（一）平面加工	能运用数控加工程序进行平面、垂直面、斜面、阶梯面等铣削加工，并达到以下要求： ①尺寸公差等级达 IT7 级； ②形位公差等级达 IT8 级； ③表面粗糙度 Ra 达 3.2 μm	①平面铣削的基本知识； ②刀具端刃的切削特点
	（二）型腔加工	1.能运用数控加工程序进行直线、圆弧组成的平面轮廓零件铣削加工，并达到以下要求： ①尺寸公差等级达 IT8 级； ②形位公差等级达 IT8 级； ③表面粗糙度 Ra 达 3.2 μm 2.能运用数控加工程序进行复杂零件的型腔加工，并达到以下要求： ①尺寸公差等级达 IT8 级； ②形位公差等级达 IT8 级； ③表面粗糙度 Ra 达 3.2 μm	①平面轮廓铣削的基本知识； ②刀具侧刃的切削特点
	（三）曲面加工	能运用数控加工程序铣削圆锥面、圆柱面等简单曲面，并达到以下要求： ①尺寸公差等级达 IT8 级； ②形位公差等级达 IT8 级； ③表面粗糙度 Ra 达 3.2 μm	①曲面铣削的基本知识； ②球头刀具的切削特点
	（四）孔系加工	能运用数控加工程序进行孔系加工，并达到以下要求： ①尺寸公差等级达 IT7 级； ②形位公差等级达 IT8 级； ③表面粗糙度 Ra 达 3.2 μm	麻花钻、扩孔钻、丝锥、镗刀及铰刀的加工方法
	（五）槽类加工	能运用数控加工程序进行槽、键槽的加工，并达到以下要求： ①尺寸公差等级达 IT8 级； ②形位公差等级达 IT8 级； ③表面粗糙度 Ra 达 3.2 μm	槽、键槽的加工方法
	（六）精度检验	能使用常用量具进行零件的精度检验	①常用量具的使用方法； ②零件精度检验及测量方法

续表

职业功能	工作内容	技能要求	相关知识
五、维护与故障诊断	（一）加工中心日常维护	能根据说明书完成加工中心的定期及不定期维护保养，包括机械、电气、液压、数控系统检查和日常保养等	①加工中心说明书； ②加工中心日常保养方法； ③加工中心操作规程； ④数控系统（进口、国产数控系统）说明书
	（二）加工中心故障诊断	①能读懂数控系统的报警信息； ②能发现加工中心的一般故障	①数控系统的报警信息； ②机床的故障诊断方法
	（三）机床精度检查	能进行机床水平的检查	①水平仪的使用方法； ②机床垫铁的调整方法

五、数控加工中心（高级）国家职业技能鉴定标准（表6.9）

表6.9

职业功能	工作内容	技能要求	相关知识
一、加工准备	（一）读图与绘图	①能读懂装配图并拆画零件图； ②能测绘零件； ③能读懂加工中心主轴系统、进给系统的机构装配图	①根据装配图拆画零件图的方法； ②零件的测绘方法； ③加工中心主轴与进给系统基本构造知识
	（二）制订加工工艺	能编制箱体类零件的加工中心加工工艺文件	箱体类零件数控加工工艺文件的制订
	（三）零件定位与装夹	①能根据零件的装夹要求正确选择和使用组合夹具和专用夹具； ②能选择和使用专用夹具装夹异形零件； ③能分析并计算加工中心夹具的定位误差； ④能够设计与自制装夹辅具（如轴套、定位件等）	①加工中心组合夹具和专用夹具的使用、调整方法； ②专用夹具的使用方法； ③夹具定位误差的分析与计算方法； ④装夹辅具的设计与制造方法
	（四）刀具准备	①能选用专用工具； ②能根据难加工材料的特点，选择刀具的材料、结构和几何参数	①专用刀具的种类、用途、特点和刃磨方法； ②切削难加工材料时的刀具材料和几何参数的确定方法

职业功能	工作内容	技能要求	相关知识
二、数控编程	（一）手工编程	①能编制较复杂的二维轮廓铣削程序； ②能运用固定循环、子程序进行零件的加工程序编制； ③能运用变量编程	①较复杂二维节点的计算方法； ②球、锥、台等几何体外轮廓节点的计算； ③固定循环和子程序的编程方法； ④变量编程的规则和方法
	（二）计算机辅助编程	①能利用 CAD/CAM 软件进行中等复杂程度的实体造型（含曲面造型）； ②能生成平面轮廓、平面区域、三维曲面、曲面轮廓、曲面区域、曲线的刀具轨迹； ③能进行刀具参数的设定； ④能进行加工参数的设置； ⑤能确定刀具的切入、切出位置与轨迹； ⑥能编辑刀具轨迹； ⑦能根据不同的数控系统生成 G 代码	①实体造型的方法； ②曲面造型的方法； ③刀具参数的设置方法； ④刀具轨迹的生成方法； ⑤各种材料切削用量的数据； ⑥有关刀具切入、切出的方法对加工质量影响的知识； ⑦轨迹编辑的方法； ⑧后置处理程序的设置和使用方法
	（三）数控加工仿真	能利用数控加工仿真软件实施加工过程仿真、加工代码检查与干涉检查	数控加工仿真软件的使用方法
三、加工中心操作	（一）程序调试与运行	能在机床中断加工后正确恢复加工	加工中心的中断与恢复加工的方法
	（二）在线加工	能使用在线加工功能，运行大型加工程序	加工中心的在线加工方法

续表

职业功能	工作内容	技能要求	相关知识
四、零件加工	（一）平面加工	能编制数控加工程序进行平面、垂直面、斜面、阶梯面等铣削加工，并达到以下要求： ①尺寸公差等级达 IT7 级； ②形位公差等级达 IT8 级； ③表面粗糙度 Ra 达 3.2 μm	平面铣削的加工方法
	（二）型腔加工	能编制数控加工程序进行模具型腔加工，并达到以下要求： ①尺寸公差等级达 IT8 级； ②形位公差等级达 IT8 级； ③表面粗糙度 Ra 达 3.2 μm	模具型腔的加工方法
	（三）曲面加工	能使用加工中心进行多轴铣削加工叶轮、叶片，并达到以下要求： ①尺寸公差等级达 IT8 级； ②形位公差等级达 IT8 级； ③表面粗糙度 Ra 达 3.2 μm	叶轮、叶片的加工方法
	（四）孔类加工	1.能编制数控加工程序进行相贯孔加工，并达到以下要求： ①尺寸公差等级达 IT8 级； ②形位公差等级达 IT8 级； ③表面粗糙度 Ra 达 3.2 μm 2.能进行调头镗孔，并达到以下要求： ①尺寸公差等级达 IT7 级； ②形位公差等级达 IT8 级； ③表面粗糙度 Ra 达 3.2 μm 3.能编制数控加工程序进行刚性攻丝，并达到以下要求： ①尺寸公差等级达 IT8 级； ②形位公差等级达 IT8 级； ③表面粗糙度 Ra 达 3.2 μm	相贯孔加工、调头镗孔、刚性攻丝的方法

续表

职业功能	工作内容	技能要求	相关知识
四、零件加工	（五）沟槽加工	1.能编制数控加工程序进行深槽、特形沟槽的加工，并达到以下要求： ①尺寸公差等级达 IT8 级； ②形位公差等级达 IT8 级； ③表面粗糙度 Ra 达 3.2 μm 2.能编制数控加工程序进行螺旋槽、柱面凸轮的铣削加工，并达到以下要求： ①尺寸公差等级达 IT8 级； ②形位公差等级达 IT8 级； ③表面粗糙度 Ra 达 3.2 μm	深槽、特形沟槽、螺旋槽、柱面凸轮的加工方法
	（六）配合件加工	能编制数控加工程序进行配合件加工，尺寸配合公差等级达 IT8 级	①配合件的加工方法； ②尺寸链换算的方法
	（七）精度检验	①能对复杂、异形零件进行精度检验； ②能根据测量结果分析产生误差的原因； ③能通过修正刀具补偿值和修正程序来减少加工误差	①复杂、异形零件的精度检验方法； ②产生加工误差的主要原因及其消除方法
五、维护与故障诊断	（一）日常维护	能完成加工中心的定期维护保养	加工中心的定期维护手册
	（二）故障诊断	能发现加工中心的一般机械故障	加工中心机械故障和排除方法；加工中心液压原理和常用液压元件
	（三）机床精度检验	能进行机床几何精度和切削精度检验	机床几何精度和切削精度检验内容及方法

任务三 综合零件加工训练

【工作任务】

● 加工零件图如图 6.6 所示。

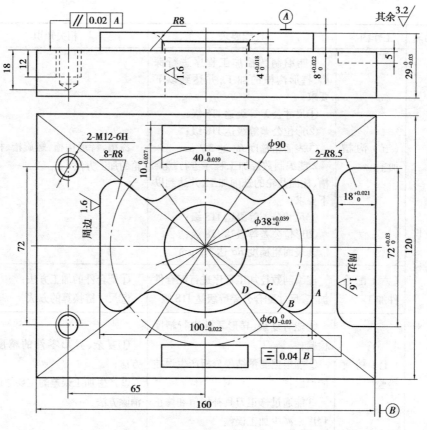

图 6.6

【任务目标】

- 掌握内外轮廓及内孔铣削的工艺制订及程序编制方法；
- 掌握对刀仪的使用方法；
- 掌握夹具、工件及刀具的安装；
- 熟练掌握利用长度和半径补偿控制加工尺寸的方法；
- 会进行产品质量分析。

【知识准备】

一、设备

数控铣床若干。

二、任务内容和要求

1.任务内容

加工零件图如图 6.6 所示。

要求及说明：

①对图 6.6 的零件进行综合铣削练习,要求加工出图中所示的各项尺寸。

②工件 6 个表面已经加工,外形尺寸为 160 mm×120 mm×40 mm,表面粗糙度 Ra 为 3.2 μm,材料为 45 号钢。

2.加工方案确定

选用机用平口钳装夹工件,校正平口钳固定钳口的平行度以及工件上表面的平行度后夹紧工件。利用偏心式寻边器找正工件 X、Y 轴零点位于工件上表面的中心位置,设定 Z 轴零点与机械原点重合,刀具长度补偿利用 Z 轴设定器来设定。工件上表面为执行刀具长度补偿后的零点表面。

由图 6.6 可知,工件包含了平面、孔、内螺纹、内外轮廓以及三维曲面的加工,许多尺寸精度要求达到 IT8~IT9 级,轮廓表面粗糙度 Ra 为 1.6 μm,并有平行度、对称度等高精度要求。编程前必须详细分析图纸中各部分的加工方法及走刀路线、选择合理的刀具,从而保证零件的加工精度要求,加工步骤、刀具选择及切削参数,见表 6.10。图中节点坐标为 $A(50, -21.5)$、$B(37.2, -27.9)$、$C(29.719, -22.289)$、$D(19.673, -22.649)$。

表 6.10

加工步骤		刀具及切削参数					
序号	加工内容	刀具规格		主轴转速 /(r·min⁻¹)	进给速度 /(mm·min⁻¹)	刀具补偿	
		类型	材料			长度	半径
1	粗加工上表面	φ80 mm 端铣刀(5 个刀片)	硬质合金	450	300	H1/T1D1	
2	精加工上表面			800	160		
3	粗加工去除轮廓边角料	φ20 mm 粗齿三刃立铣刀	高速钢	350	85	H2/T2D1	
4	粗加工所有轮廓与槽	φ14 mm 粗齿三刃立铣刀		600	120	H3/T3D1	D1 = 7.2
5	钻孔加工(工件中心位置)	φ20 mm 锥柄麻花钻		350	40	H4/T4D1	
6	扩孔加工	φ35 mm 锥柄麻花钻		150	20	H5/T5D1	
7	粗镗孔加工	φ37.5 mm 粗镗刀	硬质合金	850	80	H6/T6D1	
8	精镗孔加工	φ38 mm 精镗刀		1 000	40	H7/T7D1	

续表

加工步骤		刀具及切削参数					
序号	加工内容	刀具规格		主轴转速/(r·min⁻¹)	进给速度/(mm·min⁻¹)	刀具补偿	
		类型	材料			长度	半径
9	精加工所有轮廓与槽	φ12 mm 细齿四刃立铣刀	高速钢	800	100	H8/T8D1	D2＝5.99
10	铣削 40 mm×10 mm 台阶深度						
11	点孔加工(螺纹孔)	φ3 mm 中心钻		1 200	120	H9/T9D1	
12	预钻螺纹孔	φ10.3 mm 麻花钻		650	100	H10/T10D1	
13	攻螺纹孔	M12 机用丝锥		100	175	H11/T11D1	
14	倒圆角铣削(三维面)	φ16 mm 细齿四刃立铣刀		600	1 200	H12/T12D1	

3.程序编写

华中系统参考程序

%4711	程序名
N1 G54 G90 G17 G21 G94 G49 G40	建立工件坐标系,绝对编程,XOY 平面,公制编程,分进给,取消刀具长度、半径补偿(在启动程序前,主轴装入 φ80 mm 端铣刀)
N2 M03 S450	主轴正转,转速为 450 r/min
N3 G00 G43 Z150 H1	Z 轴快速定位,调用刀具 1 号长度补偿
N4 X125 Y-30	X,Y 轴快速定位
N5 Z0.3	Z 轴进刀,留 0.3 mm 铣削深度余量
N6 G01 X-125 F300	平面铣削,进给率为 300 mm/min
N7 G00 Y30	Y 轴快速定位
N8 G01 X125	平面铣削
N9 G00 Z150	Z 轴快速退刀
N10 M05	主轴停转
N11 M00	程序暂停(利用厚度千分尺测量厚度,确定实际精加工余量)
N12 M03 S800	主轴正转,转速为 800 r/min(φ80 mm 端铣刀精加工)
N13 G00 X125 Y-30 M07	X,Y 轴快速定位,切削液开
N14 Z0	Z 轴进刀

N15 G01 X-125 F160	平面铣削,进给率为 160 mm/min
N16 G00 Y30	Y 轴快速定位
N17 G01 X125	平面铣削
N18 G00 Z150 M09	Z 轴快速退刀,切削液关
N19 M05	主轴停转
N20 M00	程序暂停(手动换刀,换上 φ20 mm 粗齿立铣刀)
N21 M03 S350	主轴正转,转速为 350 r/min
N22 G00 G43 Z150 H2	Z 轴快速定位,调用刀具 2 号长度补偿
N23 X-35 Y-75 M07	X,Y 轴快速定位,切削液开
N24 Z-8	Z 轴进刀
N25 G01 Y-50.5 F85	Y 方向进给加工,进给率为 85 mm/min
N26 X-80	X 方向进给加工
N27 X-70.5	X 方向退刀
N28 Y60	Y 方向进给加工
N29 Y50.5	Y 方向退刀
N30 X-32	X 方向进给加工
N31 Y75	Y 方向进给加工,离开轮廓面
N32 G00 X32	X 方向快速定位
N33 G01 Y50.5	Y 方向进给加工
N34 X80	X 方向进给加工
N35 X70.5	X 方向退刀
N36 Y-60	Y 方向进给加工
N37 Y-50.5	Y 方向退刀
N38 X32	X 方向进给加工
N39 Y-75	Y 方向进给加工,离开轮廓面
N40 G00 X95	X 方向快速定位
N41 Y-24	Y 方向快速定位
N42 Z-13	Z 方向快速进刀
N43 G01 X74	X 方向进给加工
N44 Y24	Y 方向进给加工
N45 X95	X 方向进给加工,离开轮廓面
N46 G00 Z150 M09	Z 轴快速退刀,切削液关
N47 M05	主轴停转
N48 M00	程序暂停(手动换刀,换上 φ14 mm 粗齿立铣

刀)

N49 M03 S600	主轴正转,转速为 600 r/min
N50 G00 G43 Z150 H3	Z 轴快速定位,调用刀具 3 号长度补偿
N51 X-60 Y-80 M07	X,Y 轴快速定位,切削液开
N52 Z-8	Z 轴快速进刀
N53 G01 G41 X-50 Y-50 D1 F120	进给加工,并引入刀具 1 号半径补偿值,进给率为 120 mm/min
N54 M98 P1	调用 1 次子程序,子程序名%1
N55 G00 X60 Y-80	X,Y 轴快速定位
N56 Z-8	Z 轴快速进刀
N57 G01 G41 X20 Y-55 D1	进给加工,并引入刀具 1 号半径补偿值
N58 M98 P2	调用 1 次子程序,子程序名%2
N59 G00 X60 Y80	X,Y 轴快速定位
N60 Z-8	Z 轴快速进刀
N61 G01 G41 X20 Y45 D1	进给加工,并引入刀具 1 号半径补偿值
N62 M98 P2	调用 1 次子程序,子程序名%2
N63 G00 X100 Y0	X,Y 轴快速定位
N64 Z-13	Z 轴快速进刀
N65 G41 G01 X80 Y36 D1	进给加工,并引入刀具 1 号半径补偿值
N66 M98 P3	调用 1 次子程序,子程序名%3
N67 G00 Z150 M09	Z 轴快速退刀,切削液关
N68 M05	主轴停转
N69 M00	程序暂停(手动换刀,换上 ϕ20 mm 麻花钻)
N70 M03 S350	主轴正转,转速为 350 r/min
N71 G43 G00 Z100 H4 M07	Z 轴快速定位,调用刀具 4 号长度补偿,切削液开
N72 X0 Y0	X,Y 轴快速定位
N73 G83 G99 X0 Y0 Z-38 R2 Q-5 K1 F40	钻孔加工(中心位置),进给率为 40 mm/min
N74 G00 Z150 M09	取消固定循环,Z 轴快速定位,切削液关
N75 M05	主轴停转
N76 M00	程序暂停(手动换刀,换上 ϕ35 麻花钻)
N77 M03 S150	主轴正转,转速为 150 r/min
N78 G43 G00 Z100 H5 M07	Z 轴快速定位,调用刀具 5 号长度补偿,切削液开
N79 X0 Y0	X,Y 轴快速定位

N80 G83 G99 X0 Y0 Z-46 R2 Q-5 K1 F20　扩孔加工,进给率为 20 mm/min

N81 G00 Z100 M09　取消固定循环,Z 轴快速定位,切削液关

N82 M05　主轴停转

N83 M00　程序暂停(手动换刀,换上 ϕ37.5 粗镗刀)

N84 M11　主轴选用高速挡(500~4 000 r/min)

N85 M03 S850　主轴正转,转速为 850 r/min

N86 G43 G00 Z100 H6 M07　Z 轴快速定位,调用刀具 6 号长度补偿,切削液开

N87 X0 Y0　X,Y 轴快速定位

N88 G85 G99 X0 Y0 Z-30 R2 F80　粗镗中间位置孔,进给率为 80 mm/min

N89 G00 Z100 M09　取消固定循环,Z 轴快速定位,切削液关

N90 M05　主轴停转

N91 M00　程序暂停(手动换刀,换上 ϕ38 精镗刀)

N92 M03 S1000　主轴正转,转速为 1 000 r/min

N93 G43 G00 Z100 H7 M07　Z 轴快速定位,调用刀具 7 号长度补偿,切削液开

N94 X0 Y0　X,Y 轴快速定位

N95 G85 G99 X0 Y0 Z-30 R2 F40　精镗中间位置孔,进给率为 40 mm/min

N96 G00 Z100 M09　取消固定循环,Z 轴快速定位,切削液关

N97 M05　主轴停转

N98 M00　程序暂停(手动换刀,换上 ϕ12 mm 立铣刀)

N99 M03 S800　主轴正转,转速为 800 r/min

N100 G00 G43 Z150 H8　Z 轴快速定位,调用刀具 8 号长度补偿

N101 X-60 Y-80 M07　X,Y 轴快速定位,切削液开

N102 Z-8　Z 轴快速进刀

N103 G01 G41 X-50 Y-50 D2 F100　进给加工,进给率为 100 mm/min,并引入刀具 2 号半径补偿值

N104 M98 P1　调用 1 次子程序,子程序名%1

N105 G00 X60 Y-80　X,Y 轴快速定位

N106 Z-8　Z 轴快速进刀

N107 G01 G41 X20 Y-55 D2　进给加工,并引入刀具 2 号半径补偿值

N108 M98 P2　调用 1 次子程序,子程序名%2

N109 G00 X60 Y80　X,Y 轴快速定位

N110 Z-8　Z 轴快速进刀

N111 G01 G41 X20 Y45 D2	进给加工,并引入刀具 2 号半径补偿值
N112 M98 P2	调用 1 次子程序,子程序名%2
N113 G00 X100 Y0	X,Y 轴快速定位
N114 Z-13	Z 轴快速进刀
N115 G41 G01 X80 Y36 D2	进给加工,并引入刀具 2 号半径补偿值
N116 M98 P3	调用 1 次子程序,子程序名%3
N117 G00 Z10	Z 轴快速退刀
N118 X-28 Y50	X,Y 轴快速定位
N119 Z-4	Z 轴快速进刀
N120 G01 X28	加工矩形表面
N121 G00 Z10	Z 轴快速退刀
N122 X-28 Y-50	X,Y 轴快速定位
N123 Z-4	Z 轴快速进刀
N124 G01 X28	加工矩形表面
N125 G00 Z150 M09	Z 轴快速退刀,切削液关
N126 M05	主轴停转
N127 M00	程序暂停(手动换刀,换上 ϕ3 mm 中心钻)
N128 M03 S1200	主轴正转,转速为 1 200 r/min
N129 G00 G43 Z150 H9	Z 轴快速定位,调用刀具 9 号长度补偿
N130 X0 Y0	X,Y 轴快速定位
N131 G81 G99 X-65 Y36 Z-10 R-5 F120	点孔加工(左上),进给率为 120 mm/min
N132 Y-36	点孔加工(左下)
N133 G00 Z150	取消固定循环,Z 轴快速定位
N134 M05	主轴停转
N135 M00	程序暂停(手动换刀,换上 ϕ10.3 mm 麻花钻)
N136 M03 S650	主轴正转,转速为 650 r/min
N137 G43 G00 Z100 H10 M07	Z 轴快速定位,调用刀具 10 号长度补偿,切削液开
N138 X0 Y0	X,Y 轴快速定位
N139 G83 G99 X-65 Y36 Z-26 R-5 Q-5 K1 F100	钻孔加工(左上),进给率为 100 mm/min
N140 Y-36	钻孔加工(左下)
N141 G00 Z150 M09	取消固定循环,Z 轴快速定位,切削液关
N142 M05	主轴停转

N143 M00	程序暂停(手动换刀,换上 M12 机用丝锥)
N144 M13	主轴选用低速挡(100~800 r/min)
N145 M03 S100	主轴正转,转速为 100 r/min
N146 G43 G00 Z100 H11 M07	Z 轴快速定位,调用刀具 11 号长度补偿,切削液开
N147 X0 Y0	X,Y 轴快速定位
N148 G84 G99 X-65 Y36 Z-20 R-5 F1.75	攻丝加工(左上),螺纹导程为 1.75 mm
N149 Y-36	攻丝加工(左下)
N150 G00 Z150 M09	取消固定循环,Z 轴快速定位,切削液关
N151 M05	主轴停转
N152 M00	程序暂停(手动换刀,换上 ϕ16 mm 立铣刀)
N153 M03 S600	主轴正转,转速为 600 r/min
N154 G43 G00 Z150 H12 M07	Z 轴快速定位,调用刀具 12 号长度补偿,切削液开
N155 X0 Y0	X,Y 轴快速定位
N156 Z0	Z 轴快速定位
N157 G01 X19 F60	X 轴进给,进给率为 60 mm/min
N158#1=0	定义 Z 轴起始深度
N159#2=-8	定义 Z 轴最终深度
N160 WHILE#1GE#2	判断 Z 轴进给是否到达终点
N161#3=8+#1	Z 方向数值计算
N162#4=SQRT[8*8-#3*#3]	X 方向数值计算
N163#5=19-#4	X 方向数值计算
N164 G01X[#5]Y0Z[#1]F1200	进给至圆弧面的 X,Y,Z 轴起点位置,进给率为 1 200 mm/min
N165 G02I[-#5]J0	整圆铣削加工
N166#1=#1-0.02	圆弧深度的每次增加量
N167ENDW	条件不满足时,返回执行
N168 G00 G49 Z-50	取消固定循环,取消刀具长度补偿,Z 轴快速定位
N169 M30	程序结束回起始位置,机床复位(切削液关,主轴停转)
%1	子程序名(复杂外轮廓)
N1 G01 Y21.5	直线铣削

程序	说明
N2 G02 X-37.2 Y27.9 R8	R8 凸圆弧铣削
N3 G01 X-29.719 Y22.289	斜线铣削
N4 G03 X-19.673 Y22.649 R8	R8 凹圆弧铣削
N5 G02 X19.673 R30	φ60 凸圆弧铣削
N6 G03 X29.719 Y22.289 R8	R8 凹圆弧铣削
N7 G01 X37.2 Y27.9	斜线铣削
N8 G02 X50 Y21.5 R8	R8 凸圆弧铣削
N9 G01 Y-21.5	直线铣削
N10 G02 X37.2 Y-27.9 R8	R8 凸圆弧铣削
N11 G01 X29.719 Y-22.289	斜线铣削
N12 G03 X19.673 Y-22.649 R8	R8 凹圆弧铣削
N13 G02 X-19.673 R30	φ60 凸圆弧铣削
N14 G03 X-29.719 Y-22.289 R8	R8 凹圆弧铣削
N15 G01 X-37.2 Y-27.9	斜线铣削
N16 G02 X-50 Y-21.5 R8	R8 凸圆弧铣削
N17 G01 G40 X-60 Y-80	退刀进给,取消刀具半径补偿
N18 G00 Z10	Z 轴快速定位
N19 M99	子程序结束,返回主程序
%2	子程序名(矩形凸台)
N1 G91 G01 X-40	直线铣削
N2 Y10	直线铣削
N3 X40	直线铣削
N4 Y-15	直线铣削
N5 G90 G00 Z10	Z 轴快速定位
N6 G40 X0 Y0	X,Y 轴快速定位,取消刀具半径补偿
N7 M99	子程序结束,返回主程序
%3	子程序名(凹槽)
N1 G01 X70.5	直线铣削
N2 G03 X62 Y27.5 R8.5	R8.5 凹圆弧铣削
N3 G01 Y-27.5	直线铣削
N4 G03 X70.5 Y-36 R8.5	R8.5 凹圆弧铣削
N5 G01 X85	直线铣削
N6 G40 X100 Y0	退刀进给,取消刀具半径补偿
N7 M99	子程序结束,返回主程序

三、在数控铣床和加工中心上输入程序并加工出如图6.6所示零件

【考核评价】

图号	工种	数控铣床、加工中心		时间	100 min	成绩	
班级				姓名			
序号	项目	考核内容及要求	配分/分	评分标准		完成情况	总分/分
1	工艺编制	工艺编制合理	5	根据工艺要求酌情扣分			
2	刀具预调	正确选用、预调所需刀具	10	根据刀具要求酌情扣分			
3	程序编制	程序正确	10	重大错误全扣,其余酌情扣分			
4	外轮廓	100 mm	5	按IT13,超差全扣			
5	外轮廓	ϕ60 mm	5	按IT13,超差全扣			
6	外轮廓	ϕ38 mm	5	按IT13,超差全扣			
7	外轮廓	8 mm	5	按IT13,超差全扣			
8	外轮廓	29 mm	5	按IT13,超差全扣			
9	外轮廓	10 mm 两处	10	按IT13,超差全扣			
10	外轮廓	40 mm 两处	10	按IT13,超差全扣			
11	外轮廓	4 mm 两处	5	按IT13,超差全扣			
12	内轮廓	18 mm	5	按IT13,超差全扣			
13	内轮廓	72 mm	5	按IT13,超差全扣			
14	内孔螺纹	M12-6H 两处	10	按IT13,超差全扣			
15	孔距	72 mm	2	按IT13,超差全扣			
16	机床维护	安全文明生产,正确维护机床	3	根据实际情况酌情扣分			
17	时间	规定时间内完成		超15 min 扣5分,超30 min 不给分			
	安全文明生产	按在总分中扣除,不得超过10分。发生重大事故,总分为0分					

【巩固提高】

1.数控铣削加工零件的安装方法和注意事项有哪些？举例说明它们的应用场合。

2.如何选择合理的切削用量？

3.铣削加工原则是什么？

4.如何设置刀具半径和长度补偿以及磨损量？

5.孔的加工方法有哪些？应如何选择？

6.怎样计算内螺纹的底孔直径？攻丝时应注意些什么？

【知识拓展】

保证加工精度的方法

加工精度是指零件加工后的实际几何参数（尺寸、形状和表面间的相互位置）与理想几何参数相符合的程度，它们之间的偏离程度则为加工误差，加工误差是评判加工精度的重要依据。由于在加工过程中有很多因素影响加工精度，所以用同一种方法在不同的工作条件下所能达到的精度是不同的，但任何一种加工方法，只要精心操作，细心调整，并选择合适的加工工艺、刀具及切削参数等进行加工，都能使零件的加工精度得到较大的提高。

在数控铣床上加工的零件，在机床本身精度较高的前提下，其加工精度主要反映在尺寸精度、形位精度和表面精度3个方面。

一、保证尺寸精度的方法

（1）合理选用加工刀具与切削参数，增加工艺系统的刚性。

（2）首件试切，细心调整加工尺寸，通过工件粗加工或半精加工后的测量，合理确定精加工余量。

（3）根据尺寸精度的不同，正确选用精度不同的量具，使用量具前，必须检查和调整零位。

（4）避免工件发热（手感较热）时作精加工测量。

二、保证形位精度的方法

（1）工件与刀具应具有足够的刚度，刚度不足会引起零件的变形，影响平行度、垂直度等要求。

（2）工件坐标系设置正确,粗加工后可根据测量结果加以调整,如对称度要求等。

（3）合理安排加工工艺,减少零件装夹次数。

（4）定位夹具设计准确合理,安装时必须进行校正。

三、保证表面精度的方法

（1）工艺合理。根据零件表面的具体要求,合理安排粗加工、半精加工和精加工。

（2）正确选用刀具。精加工时可依照轮廓选择小直径铣刀,要求刀具切削刃锋利,可尽量选用新刀。

（3）选择合理的切削参数。精加工时,主轴转速较高,进给量较小,加工余量也要适当。

（4）合理使用切削液。

任务四　2019 年重庆市数控综合应用技术赛项样题

【工作任务】

- 按图纸要求加工该组合零件。

【任务目标】

- 完成图纸所示零件的加工。

【知识准备】

一、设备

数控铣床若干。

二、任务内容和要求

1.任务内容

毛坯零件如图 6.7 所示。

零件 1 如图 6.8 所示。

零件 2 如图 6.9 所示。

2.按照图纸要求加工该组合零件

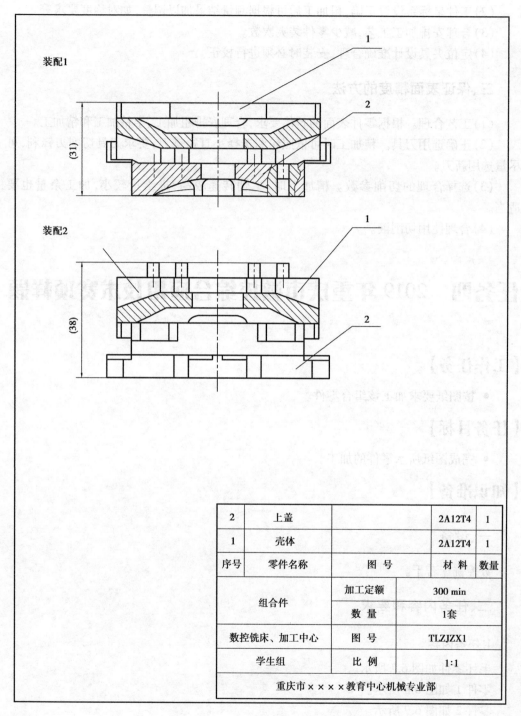

装配1

装配2

2	上盖		2A12T4	1
1	壳体		2A12T4	1
序号	零件名称	图　号	材　料	数量
组合件		加工定额	300 min	
		数　量	1套	
数控铣床、加工中心		图　号	TLZJZX1	
学生组		比　例	1:1	
重庆市××××教育中心机械专业部				

图 6.7

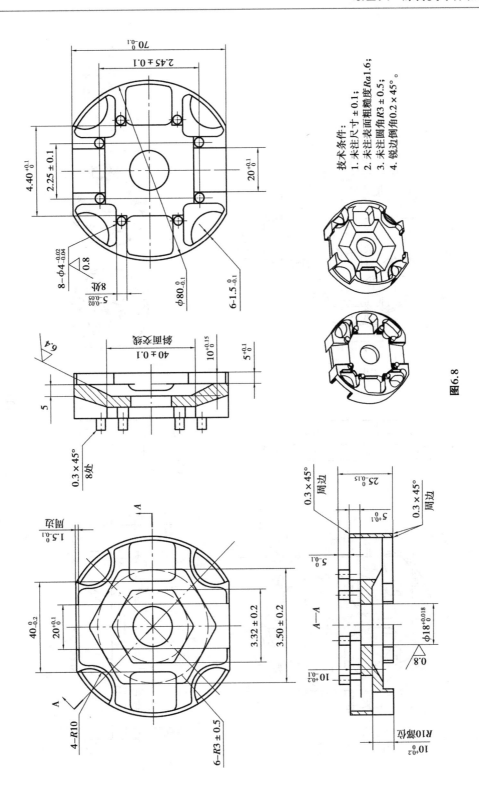

技术条件：
1. 未注尺寸±0.1；
2. 未注表面粗糙度Ra1.6；
3. 未注圆角R3±0.5；
4. 锐边倒角0.2×45°。

图6.8

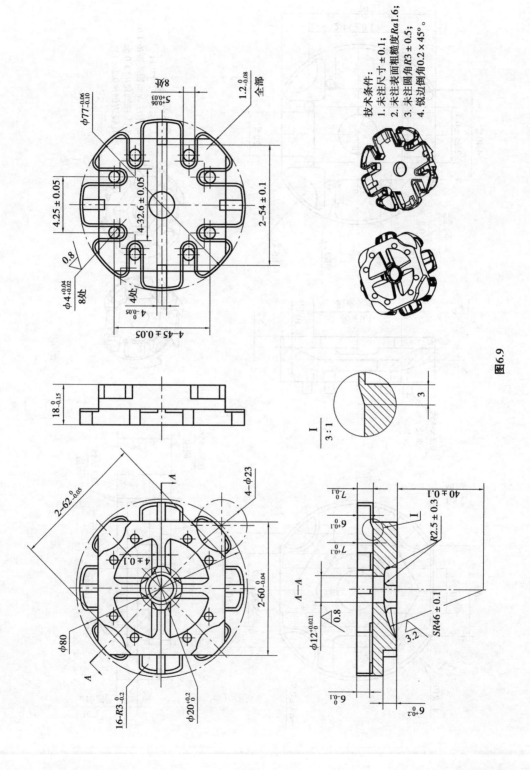

技术条件:
1. 未注尺寸 ±0.1;
2. 未注表面粗糙度 Ra1.6;
3. 未注圆角 R3 ± 0.5;
4. 锐边倒角 0.2 × 45°。

图6.9

三、工量刀具清单(表6.11)

表6.11

序　号	工具名称	规　格	数　量	备　注
刀具类				
1	铣刀	$\phi3,\phi4,\phi5,\phi6,\phi8,\phi10,$ $\phi12,\phi16,\phi20$	各2只	
2	A,B型或NC中心钻		2只	
3	钻头	$\phi2.5,\phi3.3,\phi5,\phi9,\phi11$	各1只	
4	镗刀或铰刀	$\phi4,\phi20$	1套	
5	丝锥或螺纹铣刀	M3,M5,M6	各2只	
6	球头铣刀	$\phi4,\phi5,\phi6,\phi8$	各2只	
	刀具材料或涂层不限制			
量具类				
1	外径千分尺	$0\sim25,25\sim50,50\sim75,75\sim100$	各1	
2	游标卡尺	$0\sim150$	1	
	公法线千分尺	$0\sim25$	1	
3	内径千分表(尺)	$4\sim20$	1套	
4	万能角度尺	$0°\sim360°$	1套	
5	环规	$\phi4\sim\phi20$	1套	
6	百分表(杠杆表)	0.01/0.002	各1只	
7	磁力表架		1套	
8	螺纹塞规	M3-6H,M5-6H	各1套	
9	塞尺	$0.02\sim1.0$	1套	
10	内六角圆柱头螺钉	GB/T 70.1 M3,M5,M6	若干	长度自定
工具类				
1	平口虎钳	$90\sim200$	1	
2	钳口		若干	
3	平行垫铁		若干	
4	压板		$2\sim4$副	
5	螺钉		若干	18T型槽
6	寻边器(形式不限)		1	

续表

序　号	工具名称	规　格	数　量	备　注
7	什锦锉	三角形、圆柱形	各1只	
8	常用扳手			
刀柄类				
1	铣夹头		若干	
2	钻夹头		若干	
3	攻丝夹头		若干	浮动式
4	镗头		若干	
刀柄规格与标准:BT40				

四、评分标准

序号	考核内容及要求	配分/分	评分标准	检测结果	扣分/分	得分/分	备注
一	外形						
1	外形合格	4	要素完成得配分				
	$\phi 80^{+0.1}_{-0.1}$		每超差 0.01 扣 0.2 分				
	$25^{+0}_{-0.1}$		每超差 0.01 扣 0.3 分				
2	$70^{0}_{-0.2}$	3	要素完成得配分				
	$70^{+0}_{-0.2}$		每超差 0.01 扣 0.3 分				
二	六方锥方向						
	$4-R10^{+0.1}_{-0.1}$	4	要素完成得配分				
三	$8-\phi 4^{-0.01}_{-0.03}$　　轴方向						

序号	考核内容及要求	配分/分	评分标准	检测结果	扣分/分	得分/分	备注
四	其他						